U0151535

薛桢梁 著

穿透金钱本质
的对话录

The Rules of Money

上海交通大学出版社
SHANGHAI JIAO TONG UNIVERSITY PRESS

内容提要

本书以对话的形式深入浅出地剖析了当下人们的财富观及被世人广泛关注的财富管理方法。针对不同人群，本书分为三篇，即启航篇、中产篇和财富篇。启航篇主要阐述家长应该如何对子女进行金钱观教育，包括如何正确看待金钱，如何不乱花钱又不成为金钱的"奴隶"；中产篇关注中产阶层如何使财富保值增值，以应对各类家庭风险；财富篇则针对高净值人士的财富需求，以财富的权属而不是多少作为财富管理的出发点，指导富裕起来阶层分配与传承家庭财富。

本书适合所有追求美好生活的人士阅读。

图书在版编目（CIP）数据

聚散皆有道：穿透金钱本质的对话录/薛桢梁著
. —上海：上海交通大学出版社，2022.2 （2022.7 重印）
ISBN 978-7-313-26607-1

Ⅰ.①聚… Ⅱ.①薛… Ⅲ.①家庭财产—家庭管理②
投资管理 Ⅳ.①TS976.15②F830.593

中国版本图书馆 CIP 数据核字(2022)第 028742 号

聚散皆有道：穿透金钱本质的对话录
JUSAN JIE YOUDAO: CHUANTOU JINQIAN BENZHI DE DUIHUALU

著　　者：薛桢梁
出版发行：上海交通大学出版社　　　　　地　　址：上海市番禺路 951 号
邮政编码：200030　　　　　　　　　　　电　　话：021-64071208
印　　制：上海四维数字图文有限公司　　经　　销：全国新华书店
开　　本：880mm×1230mm　1/32　　　印　　张：5.875
字　　数：88 千字
版　　次：2022 年 2 月第 1 版　　　　　　印　　次：2022 年 7 月第 2 次印刷
书　　号：ISBN 978-7-313-26607-1
定　　价：36.00 元

自　序

5年前，我做梦都没有想到我会写书，觉得人类历史上该写的东西都已经写完了，再写也没什么新意，只是作者的自娱自乐罢了。后来我给各类金融机构的业务人员做培训，提炼出了一套高净值业务的系统——"四商一法"。既然是新的系统，自然就要有介绍系统的书了，这样就产生了由我主编的《中国财富管理顾问营销实战》一书，由中信出版社出版。当时想这本书对我而言应该既是开端，又是结束，以后没有心力再干这种活了。然而，那本书内容较多，再加上是特许私人财富管理师（CPWM）认证考试用书，对于多数业务人员来讲感觉是有点难啃了，这就促使我将内容再次精炼，然后有了第二次写书的经历，由上海交通大学出版社出版了《一天打通大单道》这本小册子。然后想，应该到此为止了吧，结果发觉自己好像越陷越深，有一种一发不可收拾的感觉。

在给金融机构业务人员做培训的过程中，我强烈地感受到大众才是最需要与金钱打交道的群体，无论是家长对子女金钱观的教育、中产阶层如何理财，还是有钱人的财富管理，他们最需要具备打理金钱的理念与技能，所以我又不由自主地提起了笔，于是有了眼前这本书。

严格来讲，这不能算是专门为这个"钱世金生"主题创作的书，我只是提炼了与学生和学生的客户无数次谈话内容而已。而在那些谈话中，我发现多数人不管有钱没钱，看待的都是金钱本身，很少有人从与金钱的关系出发考虑。结果财商成了算账财技的代名词，中产阶层往往因为缺钱而投机，高净值人士因有钱而烦恼，一切围绕金钱成了不同人群的同质化思维。

难道不看待金钱本身就是对的吗？我想这是肤浅的非物质主义，钱当然还是钱，没有钱是很难办事的，但是金钱应该是围着人转的。这种关系的位置转换不仅影响了金钱流动的方向，而且还决定了以何种方式方法获得金钱，这也是我这本对话录的价值所在，既有理念与价值观，又有落地的方式方法，道术合一。

这是一本与大众对话的书，分为启航篇、中产篇和财富篇。不管你是为人之父母，或是小有积蓄的中产，还是资产雄厚的富人，都应该退后一步想想与金钱的关系，这本书就是在你追逐金钱的路途上想想方向与方法的驿站。我不知道人生是否有对错，但应该有过得好坏的区别。钱是你的钱，人生是你的人生，但逻辑是一样的，即你与金钱的关系是一切关系的基础，而关系铸就了你的人生，甚至影响了别人的人生。如果人们从小就懂得约束私心，不被金钱所左右，未来就会拥有通达的人生；如果能从生活出发去打理金钱，基本就不会迷失方向从而立于不败之地；如果已经实现财富自由，不管是把财富留给家人，还是反哺给社会，都能很好地体现个人价值，带给你无与伦比的成就感。

是为序。

目录

启
航
篇

把为人处世的根基打牢

学员 P 有一对儿女，男孩 10 岁，女孩 8 岁。有一天 P 来拜访我，刚进办公室，还没完全落座，就问了个一般人很少会问的问题："怎样为人处世才是对的?"

我有点意外，但又有点欣赏："你怎么想起问这个?"

他挠挠头："我特别认同你原来跟我说过的，小孩的学习成绩只要能达到上大学的基本要求即可，之后的发展就看小孩自己了，家长最重要的是把孩子为人处世的根基打牢。我两个孩子现在都上小学了，我想是时候对他们的做人行事理念进行引导了，晚了可能就错过机会了。"

"是的，再早点可能会更好。理念或者说价值观决定了与人相处的方式，而怎么与人相处又决定了一生将如何度过。"我插了一句。

"老师说得非常有道理，我就是这么想的，首先应该要拥有正确的价值取向。但我自己到现在都还是很困惑，一直搞不懂到底应该如何行事做人，现实社会中的很多事情用一些原理很难解释。儿子女儿总会问我各种各样的问题，诸如人为什么会说谎？为什么会有坏人？上学的意义是什么？等等。每次都有被问得不知所措。"P皱着眉头说道。

"你有这个感触，说明你是有独立思考的人。"嘲弄归嘲弄，但我的观点是严肃和直接的："要学会为人处世的方法，先要从了解人和人性开始。人是复杂的动物，因此人性也是纷繁多样的。从不同的角度来观测人性，会得到不同的答案，比如，儒家学派中的两大代表孟子与荀子就有着截然不同的观点，于孟子看来，人天生就有恻隐之心、羞耻之心、辞让之心，因此他主张性本善，而荀子则认为人天性中就有无数弱点，比如贪嗔痴爱憎怨，所以他主张性本恶。其实人性并不是非善即恶，如果非要做个抉择，那么人性的本质是自私的可以算是一个比较折中的答案，把这个搞明白了，人才会越活越通透。你能提出这么个问题，说明你已经开始思索，我今天正好有空，可以展开来给你讲讲。"

P低头摸索，想找笔记本。我说不用记录，开动大脑、用心去理解是最重要的。P频频点头，我开始了面对一位家长的一日之谈。

"我问你，人从根子上来讲是不是动物？"我对事物的理解从来都是从本质出发的。

P想了一下说道："是的，尽管高级多了，但毕竟还是动物。"

"那动物的本能是什么？"我再问。

P回答："是生存。"

"对了。"我说道："生存，即活下来是一切动物的本能。不管是找吃的、找喝的、找住的，还是抢吃的、抢喝的、抢住的，甚至互相争夺资源，不都是为了自己能活吗？老虎没吃你，是因为它饱了不想吃；老虎吃了你，是肚子饿了需要用你来充饥，没有对你好还是对你不好的所谓善恶。人是高级动物，但再怎么高级，毕竟还是动物。只要是动物，就会有所谓本能。人作为动物，一出生就是自私的——为自己而生存。由此可见，人性本质是自私的。这个说法无关好坏，只是与生命伴随的存在。这么显而易见的道理，为什么人们不明白呢?"我准备自问自答。

"听老师您这么一说，好像是那么回事，但我现在就把这个告诉给孩子，要他们知道人性本质是自私这个理念，不会对他们的成长有什么不好的影响吧?"P问道。

"非但不会有什么不好的影响，反而会让他们彻底弄懂到底应该怎样为人处世。明白人的本性是自私的，并不是要他们成为自私的人，而是要他们明白这个本质，同时教给他们把握好'私'的尺度，这样很多问题自然就能解开了，还能练就通达的心灵、开阔的胸怀，这对他们怎么会有害呢。你想一下，如果你总觉得人都是无私的，你应该无私待人，对任何人都要敞开胸怀，知无不言言无不尽，结果别人还报之以私，小孩子就糊涂了，不是说人都是无私的吗，怎么来者往往都想着自己，不为别人着想呢，世界上到底是好人多还是坏人多呢? 我以后跟人交往是先把对方当好人呢? 还是坏人? 对人是要设防还是不设防? 需要有计谋还是不需要? 好人等于傻瓜吗? 做坏人才能成功吗？总而言之，我到底应该怎么做人呢？"我提了一连串小孩子在成长的过程中一定会感到困惑的问题。

P频频点头："我到现在还没彻底搞懂这些问题，跟人交往还是把控不好尺度。自己还没想明白，怎么教育小孩?！但这些问题又特别重要，自己人半辈子过去也就算了，不能让子女也这样浑浑噩噩的，所以我就不管老师忙不忙，一定要来问个究竟。"

我笑了："你过得还是很不错的啊。不过话说回来，人是社会动物，如何与人相处确实会影响方方面面，我认为这应该是最重要的关卡，甚至不夸张地讲，人一直都在过这个关卡。这关没过好，处处是障碍。我这里所指的障碍，不仅仅是指因为缺失良性关系所导致的别人给你制造的障碍，更是你内心愉悦的障碍。那么这关卡应该怎么过呢？最重要的不是掌握那些'术'，而应该是在脑子中明确大方向的'道'。"

"听着挺玄乎的，有点抓不住的感觉。"P显得不是那么自信。

"你只要抓住'私'这个字，'道'就能把握得住了。"

坦然面对私心，学会约束私心

　　我气定神闲地继续说道："当我们明白人性是自私的，那么我们不仅能理解并接受别人所呈现出来的'善'与'恶'，还能理解并面对自己的'善'与'恶'。这是什么意思呢？就拿你儿子来打比方。比如说，你儿子数学非常好，同桌有时会让你儿子帮助解题，你儿子乐于助人，经常帮助同桌。某一天，你儿子在作文上碰到了困难，就向文科比较好的同桌求助，结果同桌有点敷衍，不太愿意帮你儿子。如果你儿子从小被灌输的是'人要无私'的理念，他就会非常不理解。他会想我在数学上这么帮你，这次难得让你帮我一次，你却这么对我，你要这样的话，以后我也不帮你了。善恶在一念之间，同桌关系自此开始恶化。但如果你跟你儿子说：自私是每个人天生就有的。同桌可能不愿意看到你每门功课都比他好，也许纯粹出于嫉妒，也许确实有实际上的利益冲突，比如谁成绩更好，就会得到老师的表扬和偏爱，等等，所以同桌有这样的想法和行为是很正常的，完全可以理解。同时你还要提醒你儿子：有一次数学考试别的同学拿了第一名，你还不高兴，你就想一直是自己第一名，只会高兴于自己是第一名，而不会考虑自己拿了第一名，别人也会难过，所以你也一样自私，从本性上来讲，每个人都会把别人的重要性排在后面。当你儿子明白了这个道理，他就会非常理解同桌的举动，不会被这一次的不快遭遇而产生负面影响，同桌有什么需要帮助的你儿子照帮不误。你儿子和同桌的关系还是一如既往，怎么都不会比原来差，还有可能变得更好，因为时间长了对方通常也会降低或修正自己的私心而回报善意，这才是人际关系的良性循环轨道所在。"

"可是这样的关系似乎是建立在我儿子的无私和退让之上的，这个好像不是太合乎情理吧?"P有点心疼起了儿子。

我摇了摇头："如果你这样理解，就太狭隘了。正因为明白自己的天性也是自私的，才能建立起对他人的同理心，以及坦然地面对自己的私心。还是拿辅导别人功课来说，帮助别人是善，但并没有必要任由别人予取予求，你自己的学习还是摆在第一位。如果因为帮助别人而占用了自己的学习时间，影响到了自己的学习成绩，那你就应该明确告诉你儿子，不帮也罢。当你儿子理解了自私是人的本性后，他就能坦诚地面对自私的想法和行为，接受真实的自己，在与人的交往中既替别人考虑，又不会扭曲自己。"

"我明白老师的意思了，能帮别人尽量帮，帮不了不用跟自己较劲。"P用通俗的语言概括了他的理解。

"没错！"我向来喜欢通俗易懂深入浅出的表达："能帮别人尽量帮，不要去想太多别人应该怎么样回馈自己，因为基于人性是自私的，别人怎么回馈都可以理解。但别人如果过分了，比如你儿子的同桌一直表现出有事有人、无事无人的话，那就没必要再帮他了，因为对方的自私超出了合理范围，良性关系的基础已经不存在了。就像你刚才质疑的，关系不能只是建立在你儿子的无私之上，善意应该是双向的，良好的关系在于双方都要约束自己的私心。还有一种情况是你儿子的同桌几乎把你儿子当半个数学老师了，已经影响到你儿子自己的学习了，那么不管同桌的态度如何就都不重要了，你儿子可以心安理得地以自己的学习为重。这样你儿子未来就不会纠结在善恶的问题上了，也不会在行动上没有方向。总而言之，善恶只是表象，根子都来自对私的约束和调节，把私的天性看清楚了，才有可能与自己以及他人建立起健康的关系。"

P不禁赞叹道："老师说得太透彻了！我感觉到自己一直是在善恶的坑里挣扎，想的基本是好坏，而不是对错，觉得好人和坏人的评判标准就来自善与恶。"

"以善恶做标准就是没有标准，善恶本身是由主观来判断的。你善或者恶，每个人的看法都会不同，甚至在不同的场景中，同一个人的评判也可能无法保持一致，所以说善恶观根本就谈不上是一种价值观。讲道德是没错的，道德只能是自我的修养，同样是主观的，因而不能作为社会的标准，到底谁有道德，谁没有道德，见仁见智。"我意识到自己似乎进入了哲学思辨的状态里，赶紧打住：

"说你儿子的事呢，不能走得太远。反正不能让你儿子从小以善恶来看待别人，更不能以此来看待自己。否则他成年后没有原则地善待别人，那就跟傻子没什么两样，属于被人卖了还帮人数钱一类的；还有一种可能是成为一个恶人，因为他的成长过程中碰不到太多善待自己的人，碰到的更多是他认为的恶的人，结果就从善的信徒异化成了恶的信徒，这是最坏的结果。"

P忍不住接上我的话："对，这是我最不想见到的。我认为只要相信'性本恶'的人一定是与人为敌的，别人当然会以恶回应，然后恶来恶往，恶性循环，结果一定成为恶人，与世界为敌。"

P跟我学习"四商一法"业务系统后开始特别注重逻辑思维能力的提高。"孺子可教也。有其父必有其子，你儿子一定可教，我下面就把应该告诉他的道理详尽给你剖析一下。"我顺口开了句玩笑，铺垫一下要展开的正题："懂得人性的本质是自私的之后，你儿子具体会怎样思考和处理与同桌的关系呢？你儿子开始真正领悟到了你引导给他的道理，原来这就是与生俱来的自私性，也是本性。自己都没意识到，但它就在那里，是本能。他会出于同理心而理解对方的自私行为。因为他自己在给同桌辅导数学时也有私心，忙的时候一样会不耐烦，要等自己忙完了再帮同桌解题。说明自己的事情还是最重要的，这不就是自私吗？但人活着不就是要不断进步变得更好更强吗，那使自己变得更好更强而不是让着别人，确实是自私的一种表现啊！"

"这不是对不对的问题啊，这根本就是动物之所以为动物，人之所以为人的关键所在。"P情不自禁地总结道。

"是的，是的。"我频频点头："所以当你儿子明白这个道理，他就释然了。他会明白同桌没什么错，只是把私心放大了。他还会因为这件事将同桌当成一面镜子，认识到要做一个约束私心的人。同时你儿子更会坦然面对自己的私心——数学成绩保持第一，不会因此感到不安，面对自私就是面对自己，不管是现在读书，还是未来工作，做任何事都是为了让自己的生活变得更好，这没有什么问题。一切为自己才是正常的人，只是不应该把私心放大到只有进没有出的程度。能帮别人还是要帮，看上去吃点亏，但自己心情好啊。再说只要不影响到自己的学习，就没什么亏不亏的。你儿子如果能这样想,他就开始进入了约束私心的层面了。这样就能做到既能坦然接受自己的私心,又把握好自私的程度,未来可以牺牲小私而获得生活与工作的愉悦,如果不是牺牲小私,必定是处处与人计较,心情肯定不好。"

"老师说得太好了,这也是与人为善的道理。您让我认清了一个事实:几乎没有天生的善人或恶人,善恶取决于对'私'的约束和放大的程度。我知道怎么教我儿子做一个有私,但能约束私的人。"P 显出了有十足把握的神态。

"私"的落地——金钱

我意味深长地笑了笑："这还远远不够。"P愣住了，为了避免他太过窘迫，我安慰他道："你跟我学习业务的时候是否注意到，我特别注重落地？"P点了点头，我继续说道："理念到位了是不够的，那是哲学老师。所以我前面翻来覆去讲的'私'还是挺抽象的，年轻家长即使明白了这些道理，但在对孩子的具体言传身教中可能还是会遇到困难。那么怎么才能将'人本质是自私'的理念具象化呢？"我自问自答："最根本的是要明白在现实社会中，'私'是看不见摸不着的，用什么看得见摸得着的东西来体现呢？"

"金钱！"P好像一下子明白了过来。

"那就是金钱。"金钱的魔力确实巨大，我讲这句话的时候根本就没感觉到P的惊呼，继续说道："动物的本能是生存，基本就是找吃喝和找住处，诉求原始，不需交换，也就是不需要媒介。但人是高级社会性动物，不仅要有吃有住，还要吃得好，住得好，不仅要吃住，还要玩乐。于是就有了交换的需要，并产生了媒介，也就是一切交换都以此作为基础，所有东西都可以用这个来交易，一切服务都可以用这个来购买，这就是金钱。可见人的私欲可以通过金钱来满足，所以在人类社会中'私'就体现为金钱。既然金钱可以用来交换别的东西，金钱就成为'私'的根源。"我感觉自己灵感大发、一气呵成，有种酣畅淋漓的感觉，我换口气继续说道："就拿你儿子和同桌互帮功课这件事来讲，两人都想成绩好，成绩好了干吗呢？为了好的未来，怎么样算是好的未来呢？现实生活中，普通中国人就是追求有一份好的工作，而在绝大多数人心目中好工作就是赚钱多的工作。所以家长的逻辑就是：学习好—考上好大学—找到好工作—获得高收入，最终是奔向金钱的。大人们都这么想，同时也确实这么实践着，言传身教也就带给了未成年人。当然，归根结底未成年人也是人，即使没有成年人的影响，从本能出发，或早或晚也会把追求金钱当成人生重要目标的。"

"看来追逐金钱就是人类逃不开的命题啊！"P无可奈何地摇摇头。

"确实如此！动物本能的'私'是生存，人类本能的'私'就是金钱。否认自己的本能就是不能面对你的根本；否认别人的本能则是不通人情。那么人类自有阶级社会以来都无法摆脱与金钱为伴的宿命，对每个家庭而言真的是可怕而无解的吗？绝对不是！每位家长对子女的金钱观可以起至关重要的作用。"

"完全同意，我就感觉自己似乎都是在围着金钱转。钱是好东西啊，但又像是魔鬼。"P有感而发。

"是啊，几乎人人都有这种感觉，但金钱本身不可能是魔鬼的。"我端起茶杯，喝了口茶："刚才我讲了，金钱本身只是因交换需要所产生的媒介，它仅仅是被人们用来换取各自想获得的物质而已，显然它是中性的。由此可见，金钱本身不是问题，问题出在与金钱打交道的人身上。如果你一直跟你儿子讲：好好读书，要赢在起跑线上，这样才能进好的大学，将来会有好的工作，也能比别人成功，可以赚大钱。他慢慢就会意识到钱是最重要的，因为现在所做的一切都是为了未来赚更多的钱。推而广之，你儿子就会认为所有影响他赚钱的事或人，不管是当下还是未来，都应远离，甚至可以不择手段地采取措施予以对付，那就太可怕了。"

零花钱的谜题

P 紧跟着说道："如果是这样的话，我儿子就成魔鬼了。"

"对啊，说金钱是魔鬼是人找的借口。"我接着就问P："你能告诉我你每月给你儿子多少零花钱吗?"

"300 元。"P 有点错愕，没来得及反应就回答了："他上了小学后就开始给的。"

我进一步问道："每月都给吗?"

"是的。"P 接着说："不管他有没有花完，反正就 300元。我儿子还挺节约，几乎不花，在这方面我倒是挺放心的。"P欣慰地笑了。

"你有问过他不买零食吃难受吗?"我皱了一下眉头。

P答道:"我还真问过他,他说其他同学去买零食时他确实也挺馋的,但想到忍忍就能攒很多钱,自己就舍不得花了。"

我笑了:"那你有接着问他为什么要攒这么多钱吗?"

"问了。"P为自己能与儿子这样交流而感到颇为得意:"但我儿子也回答不出什么具体的理由,就觉得钱好,留得越多越好,他还说节约是美德。"

"我能感觉到你挺认可你儿子的想法,对他的行为也蛮赞赏的,对吗?"我的语气中明显含有不屑的成分。

"是啊,我觉得挺好的。"P似乎感觉到我问得有点奇怪:"有什么不对吗?"

"错大了!"P一下子傻了,我接着问他:"以你家的条件,一个月300元负担重吗?"

"不重不重。"P的头摇得像拨浪鼓一样:"给个500元、1 000元也没问题,只是不想让他养成乱花钱的习惯。"

我非常理解地点点头:"明白,说明你是琢磨过给多少钱合适的,你认为平均一天十几元对你儿子来说也不算多,花了很正常对吗?"

"对的。"P点了下头。

"那他不花是不是就不正常了?"我偏了下头,看着P。

P顿住了:"老师你让我想想。"

我一边站起身一边说道:"我沏点茶,你慢慢想。"

我沏好茶,还没等我坐稳,P就急不可待地问:"您的意思是钱就应该花掉,不花就不是正常了,是吗?"

"是啊,你要引起重视了。一个小孩子为了存钱,连自己吃好喝好的本能欲望都能抑制住,是有点中了金钱的'毒'了。"我有点叹息。

"我父母跟我们一起住,应该都是他们教的。"P急忙解释道,似乎要撇清跟自己的关系。

"我猜就是大人的言传身教导致的。大多数中国老人都不舍得花钱,因为他们是从物资匮乏的年代走过来的,导致其已经失去花钱的能力了。跟老人生活在一起,子女的教育一定不能让他们插手,他们的大多数观念都太陈旧了,这是原则问题。"对于老一代的育儿观念,我一向是非常不认可的。

"老师说得对，尽管有难度，但原则问题不能错。"看得出 P 暗暗下了决心。

"中国的隔代关系都说了几千年了，要各就其位太难了。再说即使是夫妻，对小孩的教育也很难达成一致，但最起码你心里要有一杆秤。你刚才不是也挺赞赏你儿子的守财行为吗，说明你的金钱观也是存在问题的。"我直截了当地说道。

"说实话，我还真是想不起什么时候反思过自己的金钱观，今天我一定洗耳恭听，请老师给我指明方向。"P 说得很诚恳，没有显出半点不快。

"脑子是你的，我只能给你点拨一二。"P 的诚恳使我更乐意将交流进行下去了："我现在问你，钱是交换媒介，既然只是媒介，那么钱如果不交换成我们想要的东西，是不是就是废纸?"

P 若有所思："是这个道理。"

"金钱只是工具而已，工具是为了干某些事而存在的，就像榔头就是为了敲东西的，怕敲坏榔头就不用了，榔头就失去存在的意义了。"这个比喻在我脑子里存在很久了。

"比喻得太好了！非常贴切，非常形象。"P的口吻有点像领导。

我不仅没有介意，而且还很受用地继续往下说道："钱本来是作为支付媒介而存在的，如果因为怕失去而不去交换了，那钱就成为废纸了。如果用钱交换了夏日里诱人的冰激凌，吃了也就享受到了，私欲满足了，该上课去上课，该回家复习就回家复习，心情愉悦学习效果也会更好。而为了攒钱，没吃没喝没愉悦。如果你儿子明确知道攒的钱将来为什么所用那也就罢了，最起码还有交换目的，没有被钱这个工具所左右。要命的是，你儿子可能根本不知道或者根本就没想过留着钱以后要干什么，就知道钱是好东西，要留着，能不用就不用，慢慢自然就成为金钱的奴隶了。"

"那不就是抠嘛！变守财奴了。"P哑然失笑："我好像也不是舍得花钱的人，怪不得我儿子抠，看来有其父必有其子。"

我哈哈大笑："你还可以啦，最起码舍得出高价来上我的课。不过说正经的，你日常花钱时是否都觉得心痛？而且还经常念叨？"

P有点不好意思，搓起了手："我出生在普通人家，从小到大体会的就是钱不够。可能我儿子受我能不花就不花的思想影响了吧，我还表扬他节约，那他就更以不花钱为荣了。老师现在这么一说我好像被点醒了，不值啊！零花钱就是小时候除生活必须之外用来享受口腹之欲的啊，此时不花，等长大了再花也没太大意义啊，这个阶段的美好没体会到就过去了，何苦呢？为了自己存钱的私心压制了人本能的吃喝玩乐的私心，典型的本末倒置啊！"

"确实是本末倒置，怕就怕因为从小习惯成自然了，以后一生都无法理解金钱的本源是什么，或者都不会去想金钱是用来干吗的，金钱本身异化成了终极目标。这种单纯追求金钱的私欲能把人的私无限放大，贪得无厌基本都是指这类人。而人本能的生存所需、享乐所需，毕竟还是有限的私欲。再说人在不同阶段用金钱来获得不同的满足也是生活意义所在。想想人活这一辈子，怎么样也要过好每一天啊。所以从根本上来讲，过程其实比结果重要。"

P使劲地点头："老师，我明白了，我要让儿子想吃冰激凌就吃冰激凌，该买什么买什么，不要亏待自己。我还要告诉他，我们家不缺这点钱，零花钱就是即刻马上现在花的，其他有什么需要爸妈会另外给钱的，不用他攒!"

"是的。"我接着说:"应该告诉你儿子，成年以前爸妈会对他负责，这其中最重要的是经济责任，所以钱的事不用他操心。成年以后要靠自己挣钱，小时候攒的钱根本没有实际的意义，再说钱主要是靠挣出来的，而不是省出来的。因为感觉未来总会缺钱而不敢花钱，最后基本都会失去花钱的能力，也就是说有钱也不会花了。而没有花钱能力等于没有生活能力，仅仅是活着，而不是生活，享受生活是基于花钱获得的。我从来不认为不舍得花钱即抠是什么美德，不浪费才是美德! 如果我只能吃下两个菜，为什么要点五个菜呢，而且还不打包，我实在不能接受这样的浪费。但当我今天想吃鲍鱼，只要在我能力范围之内，为什么不舍得花钱，而要抠呢? 如果大家都不消费，经济也发展不起来，抠从根本上来讲，于己于社会都不是什么好事。"

"老师，我打断一下，是否可以这么说:过分节约会让我们在与金钱的关系中迷失方向，金钱成为主导，我们为金钱而活，在金钱上的自私成为最没有回报和价值的自私。"

我颇有感慨地说："确实，本能上我们都为了自己，结果变成为了钱了。金钱本身又不能吃又不能喝，除了拿钱跟自己较劲，一定还会跟别人在钱上较劲。这样的小孩将来成年了基本会只认钱而不认人，与他人也就无法和谐地相处。"

"最后这句话老师能否具体展开一下?"P还是很善于抓住关键点。

金钱的另外两个层面

"当然。在开启我们谈话的时候我就讲过，能否与他人建立良性的关系几乎决定了人的一生，这正是我接下来要谈的全部了。"我喝了一大口茶，开始进入下一个主题："我刚才只谈到了金钱跟自己的关系，这一点如果处理不好，其他就免谈了，但仅仅处理好这层关系却是远远不够的。人是社会动物，一切活动都基于与他人的关系。下面我就分两个层面来具体展开：一个他人跟金钱的关系；另一个是人与人之间在金钱上的关系。还是拿你儿子如何对待零花钱这件事来讲，既然你儿子钱都攒着没花，显然他不仅没花在自己身上，更没花在同学身上，你能告诉我你儿子跟同学相处得怎么样吗？"

P想了一下，然后坦率地承认："好像没记得有同学来家里玩，也没听他说起谁是好朋友。"

我轻拍了下桌子："这就对得上了！你想啊，其他同学课间休息或放学时都去买吃的买喝的，你儿子不舍得花钱，那就失去了与同学相处的机会，如果同学每次喊你儿子，你儿子都不去，慢慢就没有同学愿意叫上你儿子了。结果是什么呢？同学之间能互动的时间也就是在课间休息时，没有互动自然就没有朋友了。"

"我儿子觉得其他人太馋太贪玩，不懂得节约。他很自豪，觉得自己比别人更专注在学习上，我还表扬他了呢。"P笑得有点尴尬。

"你不希望他没有朋友吧？"我问道。

"家长应该都希望小孩有朋友的吧，我只是没觉得我儿子现在没有朋友有多重要，朋友多了可能还影响功课，只要成年了，走上社会能交朋友就行了。"P解释道。

"所以你还是认可人是社会动物，想要生存得好是必须要有交友能力的，对吗？"我紧接着问。

"那当然，否则进入社会寸步难行，所以我觉得成年了能交朋友就行。"P感觉自己的想法还是挺自然的。

"这个想法就有点一厢情愿了。"我摇了摇头："成年以后大多数能力的基础来自未成年时，那些与人建立关系的社会交往能力更是如此。如果未成年时在观念上、行动上都不具备与人交往的能力，家长期望子女成年时突然有了某种能力，那就等于期望换个人了，大概率是不会发生的。"

P很诚恳地看着我："原来我的逻辑确实是不对的，看来必须要从现在就引导。老师，您看我以后该怎么做呢？"

"我觉得首先要从根本上改变你儿子的认知，要让你儿子认识到买零食吃是正常的，钱对他们来讲就是物质交换的工具，钱虽然没了，却换来了欲望的满足，这才是正常的。应该告诉他，馋是人的本能，花钱让自己解馋，这才是让钱实现价值。要理解私欲是人的本性，同学招呼你，而你不和同学一起去，同学还是自己去了，对此不要有任何失落，因为别人没有理由为了你，放弃自己的私欲。你同时也告诉你儿子，不想花钱同样是一种私心，只是从任何角度来看都没有意义罢了。而且不舍得花钱的这种私心是时刻伴随的私心，会不断丧失与人交往的机会，可以说是最愚蠢的私心。"

P见我讲得有点累了，敬上茶："老师您歇会。我明白了，我找个时间跟我儿子深聊一下。"

我笑着接过茶杯喝了一口："你先别着急摩拳擦掌，还有个关键点没讲呢。还记得我前面提过的关于自己与别人之间的金钱关系吗?"

"把这茬给忘了。"P马上反应过来："你提起过两层关系，一是金钱跟他人的关系，这个就是刚刚讲完的，金钱之所以对他人非常重要，在于可以交换几乎所有的需求，所以要理解他人的私心。二就是人跟人之间的金钱关系。"

"对，如果你儿子接受了你的引导，开始舍得花钱了，在课间休息时或放学后就会经常跟同学一起去买零食，他也就有了与他人建立关系的可能。但这只是一个开始，更关键的是，关系会发展得如何呢?"我停顿了一下，等着P的回应。

"人跟人之间的金钱关系决定了人与人之间会有怎样

的关系。"P 回答得像答题一般认真。

"说得精准到位。"我非常满意 P 的答案:"不妨假设一下你儿子和同学去小超市买冰激凌的场景:到了超市,同学突然发现身上没带钱,那只能是问你儿子借了。你儿子是借,还是不借呢? 这是个问题。"我停顿了一下,加强了语气:"借嘛,怕有去无回,不借嘛,怕影响关系。你儿子刚刚被你说通舍得花钱了,现在一下子上升到可能要借钱给别人,他有点进退两难了,你会让你儿子怎么做?"

P 想都没想:"当然借喽,又没多少钱。"

我点点头:"我跟你想的一样,这点小钱不还也就罢了,因为这个影响同学关系不值得,而且连这点钱都不舍得借,让大家知道了,你儿子小气的名声就传开了。小气是别人给你贴的标签,说明你太看重自己的东西,而东西最终都落在金钱上,所以小气的人就是对金钱非常计较的人。如果你儿子不把钱借给同学,同学就认为你儿子小气,他可能就不想跟你儿子有进一步的朋友关系了,而其他同学听说了也会离你儿子远远的。由此可见,人和人之间的金钱关系就可以决定以后关系的亲疏远近。"

"您剖析得非常清楚，这种情况下肯定是要借的，没什么好想的。"P又重申了一次。

"好的，假设你儿子这次就把钱借给了同学，那么你儿子因此和同学有了金钱关系。同学可能觉得这是很正常的，换他也会借，就会当什么都没发生，同学跟你儿子的关系一如往常，而其他同学也不会听到什么关于你儿子的不良言论。这次发生的金钱关系没有破坏任何关系，不像刚才讲的不借的金钱关系可能把所有关系都破坏了。"我像剥笋一样一层接着一层剖析。

"这个我明白，所以说必须借嘛。"P的语气中包含了在这点上不用多说的意味。

我直接就往下"剥"了一层："那么如果这位同学以前跟你儿子借过钱，还不止一次，并且没还过，你觉得你儿子还应该借吗？"

P显得有点不置可否了："老借钱不还，不应该再借了吧？"

"肯定不应该再借！"我不容置疑地答道："借钱不还说明什么？说明这位同学把钱看得太重了，认为钱对自己已经重要到不需要顾及别人的感受了，他没有金钱对别人也同样重要的同理心，也就是这位同学有一颗被放大的私心，通俗的讲法就是太自私了。当同学的私心放大到这种程度时，或者说太自私的话，你儿子既不应该也没必要去纵容他。接受他人的私心一定是基于他人约束了私心，他人没有自我约束的私心最终会突破我们的底线，底线就是每个人被触动的或浅或深的私心。就比如你儿子会想，同学老这么借钱不还，自己零花钱也会被借光的，到时候自己都没钱买零食了，这是不可以接受的，因为底线被突破了。这又是一种金钱关系，是借钱不还的同学把自己对金钱的需求建立在你儿子金钱失去之上，打破了他们之间的平衡关系。当同学私心无度的时候，你儿子是无须顾及与其关系的。当你儿子不再借钱给这位同学时，他们之间的关系可能就结束了，这反而是好事，因为这种失衡的关系终究是无法维系的，总不能一直被人占便宜吧，对这种无法维持的关系不如趁早了结，没必要再付出无意义的代价。在这种情况下，如果你能教你儿子这么想和这么做的话，实际上也是在教他做一个有原则、有底线的人，将来成年后处理任何关系都能有自己的准则。人没有原则是最可怕、最令人担心的。"

　　"老师确实讲得透彻。这些事情每天都会在我们的人际关系中发生，不管是小孩还是大人之间。大多数人应该跟我一样，不会往深了想，可能也就没什么行为准则。有时候关系处理得不错，有时候搞得一团糟，为什么对，为什么错，心里都是没数的，看来就是因为小时候没人教过我们这些处世的原则和背后的道理。"P似乎在回顾自己的人生。

　　"你说得一点不错。"我对P有这样的悟性感到宽慰："把金钱的方方面面想清楚了，人生的主线就有了，不管是跟自己相处，还是跟别人相处，都会比较通透。从根本上而言，人的一切行为基于自己的利益，无非不是物质上的，就是精神上的。物质就是金钱，而精神多数也是建立在金钱之上的。例如，你在公司干得好，领导欣赏你，因为你给他带来了业绩，他就有机会往上走，获得更高的收入；同样，你在公司干得好，领导可能非但不喜欢你，甚至还讨厌你，因为你可能会把他取代了，他现有的收入可能归零。可见最终取决于你是帮他提职加薪还是挡了他财路。如果你知道这个道理，你就会始终努力支持领导往上走，而不是想取而代之。领导上去了，位子自然就空出来了，大家都有机会，你最终也得益。有这样的想法和心态，不管在哪里你都能和领导保持良性的关系，你的发展空间也会越来越大。在这样的过程与结果中，大家都会有成功的感觉，成功的感觉是精神上的，但它还是基于职位和收入。所以你要带给你儿子的，当然过两年就轮到女儿了，就是给他们揭示金钱主导的世界，并引导他们如何接受并善用明智的金钱观。"

"您真的是神算，把我的心路历程都说着了！我之所以现在还是个经理，就是跟领导关系一直处不好。我反思过，觉得自己可能太锋芒毕露了，显得比领导还有能耐，但又改不了，更准确地讲是不想改，认为自己就是有能力，为什么要掩盖呢。其实如果能像您说的把人与人之间的金钱关系想明白了，我就知道应该怎样跟领导相处了，不就是把事情干好，归功于领导嘛。"P兴奋得拍起了手掌。

我哈哈大笑："你把领导的利益用同理心去理解，就不会光顾着自己的感觉了，为什么你需要注意这些呢，因为这最终还是关系到你的利益。明白他人的私心，接受他人的私心，然后有原则地约束自己的私心以成全他人的私心。能这样做的话，你就一定可以和任何同样能约束私心的人处好关系，不管是家人、朋友、同事，还是领导。如此，期望生活和工作都顺心如意的私心就不难实现了。至于那些私心膨胀或自私的人，根本就没必要交往，不是万不得已，应该离得远远的。"

P又给我敬上了茶："今天本来是要请教老师如何教育小孩的，结果受教最深的是我自己，太感谢老师了。"

我手指轻轻地磕了一下桌子表示谢意："那是自然的，你听我讲的同时就是回顾自己人生得失的过程，家长脑子没清楚，怎么教育小孩？说到这里，差点忘了讲最后一个关键点。"

借还是给？是个问题

"还有呐！" P忍俊不禁地捂上了嘴。

"刚才只是演绎了几种借不借钱的情景，但你儿子除了借和不借，就没有第三种选择了吗？"我又把P带回思考答题的状态。

P认真想了一下："除了借，就是给，不用还的那种啊，难道我儿子还应该请客吗？"

我反问道："你不觉得应该吗？如果这位同学是第一次问你儿子借钱，或者说借过但很快就还了。"

"换作以前我可能会觉得没必要给，但今天想法有改变。我觉得是应该的，特别是第一次借，又没多少钱，不如做个人情。"看来今天的交流对 P 的影响确实不小。

"我跟你想法一样，如果是我儿子，我肯定会建议他请客。"我调整了一下姿势，感觉轻松了许多，因为该讲的都差不多讲了："正如你所说，一是钱不多，无伤大雅，二是第一印象往往是最深的印象。钱不多就不至于导致你儿子的零用钱不够花，如果自己零用钱都不够，那就说明没能力也没必要去请别人。你应该让你儿子懂得并接受维护自己切身利益的私心，未来在任何情景下都无须为此感到羞耻，这是本能，是人之所以为人的内核。舍身为人是英雄，不是常人，更不用说很多英雄做出英勇行为时不认为或没去想会致命的后果，如果下水救人自己必定会死的话还会有多少人奋勇跳进水里。钱尽管不多，毕竟还是钱，请同学吃个冰激凌就意味着自己要少吃一个冰激凌，你应该让你儿子知道零花钱如果不够了可以问爸妈要，只要没有挥霍浪费，买冰激凌的钱不会少，钱用掉了爸妈会给，成年了自己再挣，钱就是要花掉的，只要花得有价值。这次请客就很有价值，因为在同学的心目中你儿子很大气，不怎么在乎钱。这位同学以后就更愿意和你儿子交朋友，其他同学知道也会乐意和你儿子交往，谁不愿意跟大气的人来往呢。不管是成人之间还是小孩之间，对金钱的态度都是人与人之间关系的调节器。"

"所以说本来也没多少钱，不用想有什么目的，大家高兴就已经值了。即使出于搞好关系的自私想法，投入产出比也会很高，我这么理解是不是有点功利了?"P显得有些不好意思。

"从根本上来讲，功利也没有什么不对，行为的背后总存在着利益。前面说过了，不是物质上的，就是精神上的，最终都落在自己的获得上，而且只有接受和面对自己终极的功利心，才能不事事功利。"

"最后这句话怎么理解?"P问道。

"否则你儿子想不通为什么要请同学吃冰激凌啊!"我直视P疑惑的眼神:"人的行动都来自动机吧? 你儿子如果仅仅出于善待他人的动机，那如果下次他忘带钱了同学不仅不回请，借都不愿意借，你儿子信念就受打击了，不知道应该相信什么了。建立在不真实的假设之上的信念，说瓦解就瓦解，因为你儿子在实际生活中碰到的人随时都会粉碎这些结论，特别是在你儿子成年前。所以真实是信念的基础，不管你是否喜欢这种真实。如果信念在现实中被击碎了，没有了，那以后的为人处事就没有方向了。现在你儿子明白自己做什么最终都是为了自己，就不会对他人求全责备，期望善有善报。你儿子有可能就是为了感觉爽，也有可能为了搞好同学关系，总之，他心里清楚，请客还是为自己，请了就完了，不用期待对方回报什么。即使下次同学不回请，你儿子也不会把它当回事，因为他根本就没有想过要同学回请，你儿子在具体事情上不求回报，就不会在任何事上表现得很功利。"

"那么如果这位同学连借都不愿意，我应该怎样开导我儿子？" P不放过任何一个细节。

"如果这位同学连借都不愿意的话，你儿子一定会不高兴，他也应该不高兴。说明这位同学把金钱看得很重，非常自私，但因为你儿子明白人的本性是自私的这一道理，他就会理解对方行为的合理性，不会后悔上次请吃冰激凌。你儿子明白有些人是很自私的，有些人是不太自私的，要打过交道后才能了解。无论是图一时感觉爽，还是为了搞好关系，该请客还是得请，只是没必要再请这位私心太重的同学了。你儿子因为金钱关系看清了这位同学的本来面目，发现这位同学是事事功利不肯吃亏的，以后这位同学也很难和他人建立良性关系，而你儿子却不计较这件事的得失，那么他以后就不会让别人另眼看待自己。"我尽量将每个道理拆开了、揉碎了讲解。

"老师说得非常有道理，我自己就觉得很多关系没处理好，应该跟没有建立一个明确的辨别是非的信念相关。其实我一直挺困惑和纠结的，从学生时代到工作后，在请客的问题上总觉得把握得不是太得当，也不知道度在哪里，什么时候该请，什么时候不该请。"P一直在对照着分析自己。

视金钱如粪土，值得褒扬吗

"这些我们都经历过，只是有些人把握得早，有些人把握得晚，而大多数人终其一生都没把握好。请客与否看上去是个技术问题，关系到与人交往的技巧，其实它是来源于价值观。我们还是回到你儿子请同学吃冰激凌这件事上，如果他见人就请，那他就是不把钱当钱了，这问题就大了。"我又推进到了另一个关键点。

"这儿子可养不起，我又不是大款。"P忍俊不禁。

"你就是大款也不行啊！大款也经不起给大家花啊。"我也忍不住笑了："如果你儿子不知道金钱的重要性，他就会养成随便花的习惯。看上去他好像没有自私的本性，实际上是将自私极端放大，因为他是不把父母的钱当钱，也就是在满足自己的感受时心中完全没有别人，特别是没有亲人。因为从小要什么父母就给什么，要多少钱就给多少钱，一个正常人自然不会将这么容易就获得的东西当回事喽。结果就是特别能花，而且将来还不会赚，甚至连赚的意愿都没有。你想，如果你儿子从小到大花钱如流水，那么成年后发现赚钱这么不易，他自然就会放弃，最终会成为视金钱如粪土的人。"

"中国人从古至今不是一直都赞赏视金钱如粪土吗?"P插问了一句。

我一脸的不屑，说道："既然是粪土就应该都倒了，你让缺钱的和钱花不了的人把纸币及其代表金钱的各类财产都烧了试试! 所以这种话不能当真。还是说回你儿子，如果你是大款，他从小随便花习惯了的话，将来基本会成为一个挥霍的人。如果你是普通中产，那问题就更严重了，你儿子会成为一个啃老的人。同样是小孩从小要什么，家长基本都给，到了普通家庭这里，手头就会变得很紧，到达一定程度就满足不了小孩了，于是小孩就会养成能拿多少是多少，过了这村没这店的习惯。总之，不管是在有钱的还是不太有钱的家里，予取予求的小孩成年后与金钱的关系总是很糟糕的。"

"为什么这么说，老师能稍微解释一下吗？"P觉得挺新鲜的。

"你看金钱不顺眼，金钱看你也不顺眼。"我知道这么讲是不足以使P明白的，看着P瞪大的眼睛继续说道："既然看不顺眼当然是随便扔喽，也就是随便花，对金钱完全不珍惜，既对没有钱万万不能的现实世界视而不见，又不屑于赚钱的活儿。结果是什么？互相看不起！金钱也会离你远远的，因为你既不愿挣，又不会挣，没人给你的时候你就跟金钱彻底无缘了。"

"说得太贴切了。"P的神情松弛了下来："我肯定不是那种纵容小孩的家长，再说见人就请客，人家也不一定领情啊。"

"说得太对了，这就是我要讲的最后一点。"我一鼓作气："见谁都请，不分场合、不讲原则，不见得别人就会跟你关系好，甚至可以说大概率不会好，因为这不正常。先来看一下见谁都请客结果会怎么样：你儿子前天课间休息时，请张三同学吃一包薯片；昨天放学去超市，请李四同学吃冰激凌；周末郊游时，又请王五同学喝可乐。同学们很快就传开了，你家有钱，看来你儿子也花不完，不吃白不吃。还有些将金钱分得很清的同学不仅不给你儿子请客的机会，可能还会觉得你儿子臭显摆。最后，所有同学都有可能认为你儿子是有目的的，想笼络大家。"

P又敏感地抓住了一个问题："将金钱分得很清的同学是否是指那些不想占人便宜，也不想被占便宜的人?"

"没错。"我回答得尽可能简洁，准备往下讲。

"做这样的人有什么不好吗?"P没放过我。

"这就要看你希望成为什么样的人了。你还别说，这个问题问得不错，值得说两句。"我一下子意识到这类人是不少的，做点剖析挺有意义："这类人之所以会成为这类人，基本上是来自家长的影响。当小孩吃了或用了其他小孩的东西，家长通常会告诉自己的小孩赶紧还别人，但同样是还，教育的理念不一样。我会跟我女儿说，不要占人便宜，你可以多请别人，总之不要让别人吃亏，可以有来有往。然而有类家长会说，赶紧还了，以后你不要在金钱上跟人发生关系，既不要拿别人的，也不要给别人。

为什么会这样呢？这类家长不管是受到上一代的教育，还是自己的生活经验使然，会认为自己的自私与别人的自私是无法兼容的，最好在利益上不要有交集，否则不会有什么好结果。但问题是，没有金钱关系，没有自私的交往，那就没有任何实质关系了，因为既然自私是所有人的本性，那么所有的关系都是建立在自私基础之上的，而人的自私又落在了金钱上面，那就可以推论大多数的关系都是建立在金钱基础之上的。只是我相信，人与人之间只要互相都能有约束自私的觉悟，就可以保持良性循环的关系，我不想放弃做一只愉快的社会动物的机会。而这类你我分得一清二楚的人就建立不起这种关系了，这类人与他人的来往都是表面的，这也同样是把私心和金钱看得太重的缘故。我对此说不出什么好坏，见仁见智吧。"

P摇了摇头："我觉得这样活着没劲，我如果是这样的人，我们今天这样的谈话就不会有了。"

"什么意思？"我一下子没反应过来。

"我今天又不付您钱，占用您这么多时间。分得这么清，我怎么找您呢，您的时间多值钱啊。"让老师脑子没跟上，P有点得意。

"活学活用啊，可以的。"我挺享受这样的交流："我继续聊你儿子，除了前面讲的见谁都请的场景之外，第二种情况是不分场合的请客：当同学正好没带手机，没带零钱，如果你儿子请这位同学是非常合适的，自然且及时，同学会非常领情，以后更愿意交往。但是没什么由头的话，比如庆祝生日，或者感谢同学帮忙等等，也就是无理由地请客，这就比较突兀了。再加上可能有其他同学在场，说不定还会影响本来自然的同学关系。"

"这点比较好理解，下面一种情形是否就是不讲原则地请客了？"P显摆了一下他的好记性。

我翘起了拇指："没错，最糟糕的就是不讲原则地请客：就像前面提到的借了不还的同学，不要说请客了，借都不应该再借了。是人都应该明白金钱在每个人心目中的重要性。一个不把别人最珍惜的东西当回事的人是不值得交往的，或者最起码是不值得深交的，所以不请，甚至不借，是不用顾忌对方怎么反应的，反正对方已经把交往的底线践踏了。到这里我基本可以打住了，该讲的，不该讲的，都讲了。"

金钱之"道"有一种穿透的力量

"太感谢老师了，今天的收获太大了。如何看待金钱，怎么在现实世界中把握金钱，真的是穿透一切啊！"P由衷地感叹道。

"这是千真万确的，与金钱的关系没有处理好，那么与自己、与他人的关系，都不可能处理好。"我背手彻底舒展了一下上身："与谁都相处不好，这种人生是可以想象的。我跟你讲了这么多，其实核心是围绕价值观的，其中没有什么金融、记账之类的所谓财商教育。小孩在没有树立对金钱价值的认识前，去学习那些数钱记账之类的财技，可以说是本末倒置，那些财技成年后自然就掌握了。至于投资收益之类的知识，是成年后需要专门学习的。"

P坐直了身体，感觉任务圆满完成，信心满满地说道："我要把我小时候没有人告诉我的这些至关重要的理念告诉我儿子。不过老师你讲的道理还是挺深奥的，我得回去消化消化才能教育我儿子。"

我站了起来，准备送P出门："其实我今天跟你讲的这些，你是不能这么去跟你儿子讲的，他理解不了，不会达到你要的效果。我这么细致梳理，目的是要让你明白并认可我讲的道理，这样你作为家长才有足够的动力在这方面下功夫，并且才有可能传递到位，不仅言传，还要身教。你应该在你儿子的日常活动中给予引导，在具体的事情中进行交流，这样的效果是最佳的，但前提是多交流。只有你儿子乐意将学校里的事情、同学之间的动态告诉你，你才有机会影响他。"

"这个没问题，我儿子还挺愿意跟我聊的。"P心满意足地出了门。

中产篇

炒股、买卖股票与投资股票

　　有个周末 M 一家三口到我在山里的村居，准备待两天，顺便到周边玩玩。实际上玩是其次，她的真实目的是想让我给她老公做做思想工作。M 是我的学员，年近 40 岁，做寿险业务员已有 5 年，之前做得不算太好，但今年有了突破，第一次达到了行业内公认的百万圆桌等级业绩标准。M 认为这是学习了我创立的业务交流系统的结果，真正搞通了业务逻辑，她也因此成为我的得意门生之一，不仅自己践行所学到的知识，也极力推荐团队伙伴来学习。尽管我没有精力对学员做一对一指导，但对 M 我是有问必答，有求必应。

M来之前大概跟我说了此次来想请我跟她老公交流的主题，她家现在年收入超过50万元了，并且还有进一步上升的空间，但她老公C喜欢炒股，炒了近10年，不仅没挣到钱，还差点耽误了买房。M担心现在收入比原来高了不少，C可能更要在股市里折腾了，所以想请我给C上上课。我没再多问，操纵他人的思想是我最不想干的，所以不需要做什么准备，能聊到哪里算哪里。

晚饭早早开始了，坐在夕阳下的露台上，有种在画中的感觉，端起酒杯的一刹那，大家的思绪已弥漫在空中，我预料到这顿饭注定一时半会结束不了。

没想到C先发问了："老师，您不会不炒股吧?"

我看他提问时显示出不可置信的样子，我反问道："为什么我要炒股呢?"

"您是教金融的呀!"他脱口而出。

"我明白了，你的意思是大家都在炒，从事金融的人怎么能不炒呢。"我调侃了一下。

C笑了，说道："是这个意思。"

我举起酒杯跟他们夫妻碰了一下，一饮而尽，说道：

"这个问题我不好简单回答。如果你问我是否买卖股票，我可以直接回答：是。但你问我是否炒股，我只能说不炒。"

"这又有啥区别呢?"C显得很诚恳，尽管有点不以为然。

我调整了一下坐姿："炒的衍生义是倒买倒卖，所谓倒买倒卖就是买是为了卖，卖是为了买，不断倒手，赚取差价，关注点在于是否有人会出更高的价，东西本身是什么，甚至是垃圾都无所谓。那问题就来了，万一没有人出更高的价呢? 如果没有的话不就砸手里了吗，这就成赌博了。而买卖是个中性词，只是一种行为。炒是带有赌徒心态的买卖，这是最坏的。"

C身子不禁前倾了一下："那您买卖股票应该也有理念吧?"

我眉目一扬："当然有。"

"那是什么理念呢?"C一刻没放松。

"投资。"我不假思索地回答，C的身子明显松回去了，流露出不过如此的神情。我视若无睹，继续说道："投资这个词从被引进到今天，一直就被滥用，人们都对它无感了，尤其对于你们这些股民，我觉得需要对投资的概念有清晰的理解。投资这一概念是从欧美引入的，是用货币购买资产以期在未来实现价值增值的牟利性活动，最终目的是使钱变多，投资的对象可以是货币或以货币计量的各类资产。在这个概念中，价值增值是核心词。价值是什么？通俗地讲就是用货币兑换的资产值。就拿股票来举例，股票看似是金融资产，实际却是实体资产——公司，无非是因为其在公开市场交易，需要凭证而成为股票罢了。也就是说，你拿钱换了股票，实际是买了某公司的一部分而成了股东，那么股票这个凭证所代表的公司股权是否与你付出的货币量匹配是最关键的。公司的价值在于其赚钱能力，特别是未来的赚钱能力，而赚钱能力又在于其基本面，诸如产品竞争力、行业壁垒等。如果你买了未上市公司的一部分，那就被称为股权，性质跟买股票是一样的，区别只是因为没在公开市场上交易，就不会像股票那样，受到供需、监管，甚至市场消息等诸多因素的影响，股权转让也是去工商局做。所以说，只有当你真正了解某家公司，并认为它现在的价格还没有体现它的真正价值，从而购买了它的股票，在未来你认为其股票价格体现其公司价值的时候，卖出变现，这才是以投资的理念买卖股票。"

"那我炒股也一样啊，我认为这个股票会涨我才会买啊，我觉得涨得差不多了就卖，好像一个道理嘛。"C并不觉得有什么本质区别。

"你看得懂所投资的上市公司的财务报表吗?"我喝了口酒，看着他，问道。

C有点不好意思地说："看过一段时间，以为自己看懂了，结果股价往往不如自己所料地变动，感觉自己还是没看懂，后来也就不看了。"

"那后来是根据什么做决定的呢?"

"基本就是看K线图，关注公司消息什么的。"C的声调有点低沉了。

"这就是问题所在了，你认为的都是建立在你的想象基础之上的，这些想象是没有依据的。在股市中以投资理念来买卖的只有两种方式：一种是基本面，要能看懂公司的财务报表，还能不被虚假的财务报表所蒙蔽，更要懂得公司的核心竞争力和所处行业的发展前景，等等。如果做不到基本面分析，等于是买了自己不懂的东西，那结果不就是撞大运吗。另外一种就是技术面，技术面分析是要在股票的波动曲线中找出规律、提炼规律，这一点大多数专业人员都做不到，更不用说我们这些业余人士了，连技术分析所需要的基本数学模型都不懂。至于消息，连你这样的普通股民都知道了，那天下人应该也都知道了，那还是消息吗?! 这就是为什么散户只能是炒的原因了，也就是投机看赌运。"

投资基金也有不同选项

C有点不服气了："照您这么说，老百姓只能投机，做不了投资了?!"

我笑了笑，举起酒杯跟C碰了一下，冲淡有点紧张的气氛："应该这样理解，只要你投的东西是你懂的东西，那就是投资，比如买房，区位可能是最重要的，而对于区位的研究普通人是应该能做的。但股票这种资产，专业要求就太高了，老百姓直接买卖个股，确实做不到投资这个层面，而只能投机。但老百姓可以把钱交给专业人士去买卖，也就是购买公募或私募基金。这样就能做到不懂不投、如投必懂的投资而非投机。所以说普通人能做股票投资，只不过是通过间接的方式罢了。"

C摇了摇头："好多基金都是亏的，让别人来亏我的钱还不如我自己亏呢。"

我笑出了声："没有这么悲催吧，说的好像只有亏钱这一种结果。但从专业人士都会亏钱这一结果可以看出，投资这活实在是太难干了！所以我一直认为普通人如果想分享经济发展的成果，同时又能对冲风险，还是不能百分之百地相信专业人员，除了做基金的选择外，用什么方式购买基金非常重要。"

"这个能具体说一下吗？"看来C确实对基金没什么认识。

"基金跟你炒的股票不一样，股票是底层资产，买了股票就成了公司股东，算是实实在在购买了某公司的一部分。而当你将银行账户里的钱支付了某个基金时，其实你什么都没有买，只是将钱交给了基金公司，基金公司的某个专业投资经理拿了你的钱再去购买底层资产，比如股票。如果你相信基金经理在某个行业的投资能力，你又相信这个行业有前景，那么你就可以选择这种主动投资型的基金。如果你觉得人都是不可靠的，只要跟着市场走就行，那么你应该选择指数类的被动投资型基金。有研究表明被动投资的平均回报率不低于主动投资，甚至高于多数专业投资经理管理的基金。不管是主动投资型，还是被动投资型，如果你一次性投入所有的钱，或者相对你的可投资资产比例太高的一大笔钱，风险就过高了。"

"基金经理买这么多股票，不会都跌吧？有涨有跌，怎么说都不会亏得太多吧，为什么还会有很高的风险？"C的疑问合情合理。

"那是因为基金通过持有几十、上百种股票而将单个股票的风险降到了最低，还有专业优势和机构资源，但还是有掉进坑里的可能，因为选择的行业出了问题，或者基金经理的判断失误，甚至整个市场崩盘，就像多年前上证指数从6000点跌到2000点这样的情况发生，等等，坑深了要再爬上来就很难。你想2015年到现在已经快7年了，上证指数还是在3500点左右徘徊，离2015年的最高值只有一半多，道理应该是不言自明的。"我说得有理有据。

"那您的意思就是应该把钱分多次投入？"C马上就领会了。

"对的，这样就不用担心购买的时点了，这种方式被称为定投。所谓基金定投，顾名思义，就是在一定的时间跨度之内，在固定的时间点，以同样或者设定的金额购买基金。通俗点讲，就是把钱分成很多次去买基金，而且每次要有一定的时间间隔，这样的话基金就算跌也不怕，同样的钱就可以买更多的单位，等于将基金的购买成本分摊了，那么基金只要一涨，因为手中的基金单位多，就能很快弥补跌的损失，并通常会有总体收益，只要在定投的时间段内资本市场的走势总体是上升的，不管是直线上升，还是曲线上升，都可以。当然，基本没有直线上升的市场，正是因为任何市场的上涨都是曲线的，所以用这种方式就非常有效。如果市场是总体下跌的，那么向神仙求救也是没用的，除非在期货市场用卖出的手段，这个跟投资基金就没关系了。"我一口气索性给 C 把基础打打扎实。

C 的兴趣也上来了："我理解了，这种投资方式就不用算时机了！"

"到底没在股市里白混！"开玩笑归开玩笑，我对 C 有点另眼相看了："千真万确，定投的核心就是不用择时和择机，择时和择机对绝大多数人来讲就是算命，经济学家就是半个算命先生，对未来的走势永远都会分三派，涨、跌和不涨不跌，到底听谁的?! 所以基金定投对老百姓来讲就是将'算命'变成投资。"

收益率多少才合适

C喝了口酒，琢磨了一下："不过这么操作的话，收益率就不会高吧？"

这个问题我不会放过，收益率几乎是一切投资的核心，必须掰开了，揉碎了讲透："在你心目中，收益率多少算高，多少算低呢？"

"我们做股票的应该都会觉得两年翻倍很正常吧。"炒股的人可能都倾向于看见翻倍的个股，选择性地对腰斩的股票视而不见。总之，都不愿意算总账，就像C一样，做了10年没赚到钱，但在脑子里呈现的却是翻倍的股票。

"两年翻倍意味年均复利回报率要达到 40％以上。40％什么概念？股神巴菲特的年均回报率才 20％出头，你不会比股神还厉害吧。"我的语气中禁不住有揶揄的意味。

"这么看来我们的预期是不太正常。"C 也有点不好意思。

"不是不太正常，是太不正常了。"我觉得如果在这点上与 C 没有共识的话后面的谈话会很难进行，所以我进一步展开："中国的资本市场存在时间还太短，历史数据还不能完全说明问题，美国已经有两百多年了，看看美国股市的回报率就有对照了。过去的 100 年，在美国大类资产中，回报率最高的是中小企业股票，回报率是多少呢？大概 12％。这才是正常的回报率，而且已经是正常中的最高回报率了。"

"老师这么一说，我也有些搞不懂了。为什么我们中国人都觉得翻个几倍什么的很正常，但我身边也没见有什么人赚到过，当然也包括我啦。"C 不禁困惑起来。

我放松了一下，边吃边说道："这个问题挺有意思的，我还真思考过。我觉得可能一是跟股市有关，二是跟房市有关。跟股市有关是因为中国股市的波动太大，特别是短期的波动。你想，股指都能在几个月之内从 2 000 点上到 6 000 点，那就更不用说个股了。所以谁都觉得股票甚至基金翻几倍是很容易的事，至于后面又跌回去了并没有影响这种感觉，记住好的，忘记坏的，这是基本的人性。跟房市有关是因为房产在 2000 年以后涨得太离谱了，特别是七八年前，每三年翻一倍是最起码的，如果要算年均回报率的话也在 30% 以上，还是复利。房子贴近老百姓，这就使得人们觉得这样的高回报是很自然的。慢慢大家对回报率的预期就不正常了，这可能也是为什么有这么多人会相信骗子所忽悠的高回报率了。"

C 频频点头："分析得很有道理。那么按照刚才老师讲的用定投的方式买基金，应该期望多少收益率，或者回报率呢？"

"这就因人而异了。"我继续说道："你如果期望回报高一点的，比如 10% 以上，那就必须买股权类基金，不是股权类是不可能有这样的收益的；因为收益与风险永远是呈正比的，如果想再安全点，那么就可以买混合型基金，也就是基金中会有一部分债券，债券的风险当然要远远低于股票，但收益也因此不会太高，除非是垃圾债券。其实

064

如果年均复利能达到 10％的话，你的钱差不多 7 年就能翻一番，如果是 7％的话，10 年也能翻一番，你还想要的更多吗?"

"这么一算，真的是可以了，再说多了也要不到啊，这比我炒股的战绩好多了。"C 的语气里含有歉疚。

"你还知道啊，我以为你是执迷不悟呢。"M 逮着机会插了第一句话。

"谁愿意承认自己不行啊，特别是我们这些炒股的，讲的都是辉煌的战绩，烂的只有吞肚子里了。"C 有点袒露心迹的意思了："不过我对债券这一类的低收益资产兴趣还是不大，太没有想象空间了。"

我接过来说道："如果用定投的方式，本来就不应该买债权类基金。债券的收益基本是固定的，年利率通常是个位数。债权基金的价格波动主要是因为买卖所产生的，市场利率涨了，债券价格就跌，市场利率跌了，债券价格就会涨，波动的区间通常很小，加上能发行债券的不是政府就是大机构，出现不能兑付的债券概率又比较低，所以购买债权类基金而损失本金的可能性非常小。既然风险很低，就没必要用定投的方式以不同的投入时间来分摊风险了，那样反而会进一步降低收益。所以做基金定投一定是选择股权类基金，想更稳当点的可以选择混合型基金，否则就没必要做定投了。"

"我明白了，可以考虑做一些基金定投，针对定投的某个基金做点分析应该也挺有意思的。"C 对股票的执念松动了。

"不是考虑，是必须。"我没放过 C："普通人一定要投资，否则光靠工作或做点小生意赚的钱是不够满足不断上升的生活需求的，必须要让钱生钱。但投资就有可能不仅没赚到钱，反而亏了，甚至血本无归。作为非专业人士，自己直接进股市，只能是炒，也就是赌，是没有专业能力去投资的。所以普通人的投资只能是间接投资，让专业的、有机构资源的基金经理来帮着钱生钱。但基金经理也是人，择时和择机，专业人士也有一半的成分是靠撞大运的。因此普通人还不能全依赖基金经理，当然也不能一把砸在市场里，跟着指数走。而是要靠切割时间，把钱分批次投出去，比如将 10 万元掰成 20 次，每次 5 000 元，每月放两次，将一次性购买基金的风险消化在时间的长河中。这就是为什么我认为基金定投是中产以下的普通人除了房产投资外，唯一可以也应该做的投资。其他那些低收益保本类的债券、理财类产品主要是为了保值，在我心目中算不上投资，但不能说不重要，毕竟还是要保底的，再说流动性对每个普通家庭也是非常重要的。"

"不得不承认，老师说的道理确实无法反驳，我一个不听劝的老股民也不得不接受。"C 主动举杯敬了我一下，桌上的人都笑了起来。

比投资更重要的是理财

"这只是开个场而已，还没进到正题呢。"M感觉自己已经领悟了真谛，有点得意。

"确实，刚才只是聊了一下你们这些中产阶级应该做什么投资，怎么做。"我转折的时候特意停顿了一下，以突出后面这句话的重要程度："但是，对于每个家庭来讲，投资其实不应该放在中心的位置。因为投资只关乎收益，只在于某个资产货币量化后的涨跌，与生活无关。离开了生活来谈金钱，就本末倒置了。"

"这个怎么理解?"C非常认真地看着我。

"我问你们，就钱谈钱，多少算是多呢？多少算是少呢？"我不待他们回应继续说道："人们的贪婪和恐惧恐怕都源于此，因为没有数！再多都不够多，多少都怕少。"

"这个我体会最深了。"我的话似乎触及了 C 的神经："2015 年的时候，指数已经突破 5000 点，我就是不愿意获利了结，觉得没赚够，还能涨。等指数过 5500 了，那就更相信还得往上走啊，赚钱哪有够的啊！然后就开始跌，那真是输不起了，觉得比原来少了这么多，不接受啊，想等等应该会涨回来的，结果跌得更惨了，那就更不舍得抛了，最后就一夜回到解放前了。惨痛的教训啊！"

"我怎么觉得是惨痛的经历，而不是惨痛的教训呢？"M 调侃了老公一把。

"你是说我没吸取教训呗。"C 倒也心领神会。

"没有建立起理念，人们在任何事情上都会好了伤疤忘了疼的。"我还是把他们带回正题："什么比投资更重要？那就是理财。只有从生活的角度看金钱，你才能把握好金钱，而理财就是从生活的角度出发来打理金钱，投资只是理财的一种手段。如果你把手段当目的，自然就会迷失方向了。比如你用榔头敲钉子，目的是固定某样东西，而不是榔头敲钉子，这样的话怎么敲都是没有意义的，而且还敲不好。"

C听了觉得有点诧异："理财不就是买银行的那些理财产品吗？我感觉到还不如做投资呢。"

"这个可以说是大众的误解！"C的这句话好像点燃了我对中国金融服务不满的导火索："理财这个词来自英文Financial Planning，它原本是金融规划的意思，对每个家庭而言，是一种理念，指怎么打理家里的钱财。结果这个词因为理财产品的出现就被彻底异化了，理念变成产品的前缀词，就再也没有理念了。不就是保本或基本保本的低收益型这一类产品吗？你直接这么叫不就行了？不行，没噱头，不好包装，于是活生生地把普通人应该怎么安排家庭财务的理念埋在淤泥底下了。"

"真正的理财完全不是这么回事，你听老师讲。"M瞥了老公一眼。

"我们还是就Financial Planning这个英文词语来谈，怎样规划家里的钱财呢？金钱本身从来不应该成为目的，金钱只有换了吃的、换了用的才有意义，所以肯定不能从金钱出发，把赚钱当成目的来规划。而吃的、用的意味什么呢？对动物而言是生存欲望，对人类而言就是生活需求和生活愿望了。"我接着 M 的话阐述理财的真正定义："所以理财就是从生活需求和愿望出发，对各类资产保值增值以弥补实现生活目标的资金缺口，简单地讲就是补缺口。由此可见，理财就是怎么把从工作或做生意挣来的那么点钱，想办法变得更多，来补上家庭成员的生活基本需求甚至愿望所缺的资金。"

"听懂了，也就是说我打工挣的那部分还没花掉的钱，不能就这么放着，要让这些钱越滚越多，否则将来不够用。" C 总结道。

"理解得非常到位，而且经你这么一概括，通俗易懂。"我由衷地举杯敬了一下 C。

C 一边下咽一边说："我们家的基本生活需求应该没缺口，我们俩挣的钱应该够了。但愿望就没底了，我经常会有新的愿望，就是感觉没钱。" M 被她老公逗笑了，不知道说什么好。

我倒是听出了 C 对基本生活需求的认识上有误区："我说的基本生活需求可能不是你理解的那种。作为像你们这样的中产家庭，基本生活的钱当然是有的，但前提是你们俩不能出什么事，对吗？不过这个问题我先留着，后面专门来讲。现在还是先来谈谈怎么补愿望的缺口，你也觉得谈愿望就缺钱了，是不是？"

"那当然喽，如果想做什么都有钱去做，那我不就成了有钱人了。"C不失时机地自嘲了一下。

"一点没错，真正的有钱人不需要理财，钱已经不是问题了，干什么都不缺钱。"普通人做理财，有钱人做财富管理，这是我的基本观点："对于普通人来讲，钱是有限的，只能是有多少钱，想多少事。如果想太多了，钱远远不够，那就不是愿望了，而是妄想。那种'万一哪天实现了呢'的狂言普通人还是不听为妙。如果现在就能办得到的事就不算愿望了，随时能实现的也不能算作愿望。所以说，真正的、实实在在的称得上是愿望的，应该是现在还未实现，但通过努力是有希望实现的对未来的期待。因为绝大多数生活愿望的实现是以金钱为基础的，那么先搞定钱就成为愿望实现的前提了。而普通人为什么一生都会感觉缺钱，是因为一个愿望实现了，就会有新的愿望，就像刚才你说的那样，然后发现钱又不够了。这是贪心不足吗？恰恰相反，我认为有愿望才是人生，都没念想了，活着就没有意义了。"

"特别认同老师的人生观,为有愿望的人生干一杯!"M禁不住有些激动。

我们三人都把杯中的酒干了,C叹息道:"啥事都离不开钱啊,还是要更加努力工作。"

"有钱不是万能的,没有钱确实是万万不能的,我们还是先来算算钱吧。"我故作无奈地继续说道:"实现愿望所需要的金钱分两部分:第一部分来自自己的工资或经营挣到的,这部分钱是最重要的来源,没有这个钱就什么都谈不上了。问题是对于像你们这样的中产阶层,光靠工作或做点小生意的收入是满足不了人生中的各种愿望的,如果要满足不断上升的生活愿望,除了不断努力工作赚钱外,还需要将储蓄下来的钱变得更多,这样才能补上各类愿望所需的金钱的缺口,所以另一部分钱就要由钱生钱得来。那么如何钱生钱就要通过理财来实现,尽管表面看上去也是投资增值,但理财的目的是为了补足实现愿望的金钱缺口,而不是单纯为了把钱变得更多,所以理财就是补缺口。"

"我一直以为理财和投资没什么区别,金融机构说的时候好像也是通用的，有时候说帮你投资，有时候说帮你理财。我太太倒是说过有区别，但我觉得没说清楚。"C望了M一眼，有点调侃的意思。

"对于金融机构而言，把这么多人的钱放在一起去钱生钱，不管是称为投资也好，理财也好，甚至是财富管理也好，没有实质区别，比拼的是在同等风险下获得最高回报，或者在同等回报下冒最低的风险。"我转折的时候加重了语气："但对于每个个体和家庭而言，区别就大了。投资是没有目标地打理钱财，赚钱就是目标。所以赚多少都不嫌够，亏多少都难以接受，时间点不重要。"

"不好意思我打断您一下，最后这句话怎么理解?"C显然指的是最后连起来的三句话。

"所谓赚多少都不嫌够，前面讲回报率的时候应该讲到过，既然赚钱是唯一目标，能赚就继续赚喽，哪有够的时候，问题是能不能赚到只有事后才知道啊。另外既然赚钱是唯一目的，自然就害怕亏，不管多少都接受不了。我想这应该是贪婪和恐惧的根源，也是普通人为什么会买涨杀跌的心理基础。至于时间点不重要的意思是，赚钱这件事本身是没有止境的，为投资而投资，投资期限其实是不

存在的。"我接着刚才被C打断的话继续道:"而理财是有
目标的,比如我明年想换房,还缺点首付款,那我就可以
买个保本的货币类产品,赚点利息保证明年买房的首付
款。再比如,你们俩要准备20年退休后的钱,希望退休
后生活品质最起码不降低,那么就可以算一下到那个时候
需要准备多少钱,这就是个长期的目标了,而任何长期的
目标对普通人来讲都是需要从现在做起的,也就是每年要
存下多少钱,然后选择相应的投资产品,并使用长期持有
的方式,显然用定投的方式投资股权类的基金最合适了。
从这里你应该可以看出,投资是理财的手段,也就是从生
活目标出发做投资就是理财的具体体现。多数人为什么最
终都挣不到钱,因为将手段当成目标了,进进出出,忙得
很,最后是一场空。其实不用这么焦虑,10%的回报率,
钱7年就可以翻一番了。但因为没有目标,等不及,投资
就异化成投机了,时间其实是投资区别于投机的核心价值
之一。"

结构美才是真正的美

"老师，从您刚才举的这两个例子中我好像明白了不要把所有鸡蛋放在一个篮子里的道理。"C若有所悟。

"你说说看。"我正好想歇一下。

"我一直觉得，不要把鸡蛋放在一个篮子里这句话没什么含金量，不就是撒胡椒面么。但今天经您这么解释一下，我觉得不是在几个篮子里各放几个鸡蛋那么随意简单。实际上因生活目标的不同，需要选择相应的投资工具，就是在不同的篮子里放入金钱，每个不同的篮子就有了不同的资产，这样真的是可以立于不败之地啊！"C情不自禁地感叹道。

"你老公太有悟性了！"我不禁看着 M 赞美了她老公："就是这个道理，结构美才是真正的美。总量再理想，没有合理的结构都是经不起审视的。就像一个身高 180 厘米的男子，如果上身 160 厘米，姑娘们看了估计会撒腿就跑的。这种生活中的常理谁都知道，但一旦跟金钱打交道，多数人就没这种意识了。人群中最多有两类人，保守的就抱着钱死活不放，只有存在银行才放心，辛苦赚来的钱躺在那里缩水。激进的就只投某个给自己已经带来高额回报的东西，过去的经历使自己觉得像上帝一样可以确定未来，结果十有八九回到起点。这都是没有结构的体现。在资产的配置上除了结构之外，每个人还要心中有标准，就是要有回报的期望值，不要患得患失。期望的回报达到了，该放手就放手，如果没有达成，也能有持有的定力。这同样是来自正确的理财观念，因为针对每个生活愿望，未来需要多少钱是清楚的，那么根据未来的目标都可以算出相应的回报率，只不过能否守住是挑战人性的。总而言之，在打理钱财的过程中，心中有标准，坚持结构美，从金钱的角度出发，人生就可以立于不败之地。"

M这时忍不住了："这正是理财思维的精髓所在！从填补人生愿望的金钱缺口出发，每个缺口的补上都需要有个投资回报率，这样的话心中的标准就有了，进退有据，另外根据时间的长短，收益率的差异等配置相应的资产，这些不同资产的持有自然就产生了健康的结构美。老师今天说的使我彻底明晰了原来课堂上学的内容！"喜悦之情溢满M的面容，她得意地转向C："明白了吧?! 这才是我们这样的家庭应该做的！"

C忍俊不禁地和太太碰了一下酒杯："没老师你就说不清楚啊，否则我们也不用大老远地来叨扰老师了。"

我听着也不免客气了一下："客气了，喝酒聊天就是件开心的事，更不用说和有悟性的、像你们这样的朋友了。"我同时举杯敬酒："不过确实也难怪你们，就是那些金融机构甚至专家把这些核心概念搞混的。我前面也提到了各家银行将理财这么重要的理念搞成了产品的修饰词，大众的金融观念就失去了提升的机会。可见一个以产品为导向的社会真的是能将一切产品化的，初心和理念会很容易被忽略和遗忘，真正金钱化的社会就是只剩下了钱，人没了。"

"是的是的。"C不禁连连点头："我在炒股或购买什么金融产品时从来没有想过什么生活愿望，觉得钱就是钱嘛，我想大多数人应该跟我一样。"

"应该说是绝大多数人，这种思维不调整是打理不好钱财的。"我感觉自己不知不觉进入了讲课的状态："对于每个家庭而言，没有理财思维的投资（不从生活愿望出发的投资）基本都会变异成投机，而投机的终极成功概率差不多和赌博赢率相当。所谓终极成功概率我解释一下，拿你炒股来讲，你看上了某个股票，你觉得有百分之百的把握，你敢把所有筹码都堆上去吗？肯定不敢，说明没人真的有绝对的把握。既然不敢，对一个赚工资收入的人来讲，放几十万元在某个股票上差不多应该是极限了吧？结果确实赚了，甚至一年就翻倍，变100万元了，那还是解决不了问题啊。所以还得炒，终极的结果是什么呢？出来混，总是要还的，不是在这只股票上归零，就是在那只股票上'跌倒'。"

解构房产投资

M尽管基本没参与谈话，但一直很专注地听着，这时她忍不住提了一个非常重要的问题："感觉你们一直是在讨论股票，或者说是资本市场的投资，是不是投资房产会不太一样呢？"

我不禁拍了一下桌子："你这个问题提得太好了！中国人怎么能不谈房产呢，现在几乎每个家庭的近80%的资产是房产。你们家有几套房？"

"有两套，一套自己住，一套出租。"看得出，M的神情里稍有些自得。

"说得详细点，现在值多少钱，在哪里，有无贷款，最好再说说你买房的经过。"我说完趁机吃喝了起来。

"两套房子都是二房一厅，面积也差不多，大概 70 平方米吧。自己住的那套在市里，看小区里同类房型挂牌的价格在 500 多万元，5 年前头的时候 200 多万元，现在还有 100 万元的贷款。出租的那套在城郊，应该可以卖 300 万元，这是我们 10 年前结婚时买的，买的时候 100 万元不到，现在贷款也都还完了。出租的那套房原来是自己住的，但我们俩在市里上班，确实不方便，就在市里买了现在住的房子。当时我们双方父母都给了钱，否则也买不成，当然如果把市郊的那套房卖了付首付也可以，可是我们俩都不舍得，只能啃老了。"M 一口气把账都报了，到底是做销售的，交代得清清楚楚。

我满足了口腹之欲，身心又觉充沛："买房子实际上不能等同于投资房产，买房有可能是投资，但更有可能是为了自住，就像你们家的情况。你们家的两次买房都不是为了投资，那么就不应该用投资的理念来做决策了，我感觉你们在买房的时候确实也没想过要赚钱吧？"

"确实没有，特别是第一次买城郊那套房的时候，结婚能有个自己的窝是所有的考虑。"M似乎有种重温当时的幸福感。

"这就对了，任何事情都要抓住最主要的目标，其他都可以略过。"我从来都不是个面面俱到的人，一切围着主要目标是我的信念："以自住为目的买房，基本只需要满足三个条件：房子本身是否满意；能否支付首付；是否具备还贷能力。这三个条件满足了，房子会涨还是跌，一点都不重要。这就是从生活出发，自住是刚性需求，房子的涨跌仅仅是附带的结果，如果涨了，买房就等于抵御了通货膨胀，如果跌了，房子还是一样住着，只要不卖，一点没影响。即使要卖房子，通常是改善，会买更大更好的房子，这样一买一卖总体成本还更低了，房价总体下跌反而更好。总而言之，房价涨跌不在考虑之内。很多人为什么丧失了自住买房的机会，就是考虑涨跌太多了，把投资思维用错了地方，这也是房产和其他资产最重要的区别。"

"那我们现在有一套房子不是自住的，应该算是投资房产了吧？"C好长时间没轮到说话了，赶紧抓住机会插了进来。

"你们买的时候不算，现在不住了就是投资了。"我继续说道："所有不是自住的房产都是房产投资，因为房子跟生活无关的时候就是纯粹的投资品了，一切都要根据涨跌来做决定，正好跟自住的核心思维相反。对于你们出租的那套房子，你们还是有自住和投资的选择。"

M急忙说："这个房子我们肯定不会再住回去了。"

我笑笑说："这个我明白，我说的自住不是住回去，而是有两个不同层面的意思。第一个是将这套房用来改善居住品质。你想你们三个人现在住的是小户型的二室一厅，应该不是太舒适宽敞吧。如果你们想提高生活品质，就可以考虑把两套房换成一套面积大点的房子，也就是将现在住的那套和出租的那套都卖了，置换成市中心的大两室甚至三室一厅的房子，这样老人来了也有地方住，你们当初买房的时候不是还得到过他们的资助嘛。另外一个选择就是留着以后退休了住回去，为什么不能住回去呢？等退休了就没有上班远的问题了，到时候就你们俩住，面积也够了。你们俩不是不舍得卖这套房子吗，我想你们或许还喜欢住那里呢，那就可以留着养老了。显而易见，这两种考虑都是围绕人生不同阶段的需求的，跟房价涨跌没什么关系。"

"你还别说，听着蛮有道理的，我们好像没想过，更不用说想得那么清楚。"C歪着头看着M说道。

"你除了上班，就是想通过炒股发大财，我们什么时候好好讨论过这些?!"M脱口而出。

"说实在的，夫妻之间关于这些事的讨论不仅必要，更是共同生活的意义所在。如果是我，我肯定会做第一种选择，人生苦短，能不亏待自己就不亏待，先提高居住品质再说。总之，这方面的交流是能让双方真正互相了解对未来生活的期望，时时保持内心的交流。很多人说谈钱伤感情，但我认为从生活愿望出发谈钱，反而可以增进夫妻感情。"我顺势借题发挥了一下。

"看来老师是及时行乐型的，我不行，总是担忧未来，我想我可能会把房子留着养老。"M对自己认识得很清楚。

我哈哈笑了："我也不算是今朝有酒今朝醉的，还是会考虑未来，量力而行的，应该算是更注重当下这一类的吧。不过是哪一类人并不重要，重要的是要根据自己是哪一类就做哪一类的决定，没有对错。"

"那看来我就是只想赚钱那一类了。"C自嘲了一句，回到他感兴趣的主题："老师您接着讲讲这套房作为投资需要考虑什么？"

"如果房产纯作为投资的话，首先应该看的是位置，位置决定了需求度的高低，而一切东西的价格最终都由供需关系所决定。位置可以从宏观到微观着眼，宏观就是位于哪个城市，微观是在某个城市中的哪个区域。跟自己居住生活没有关系，那就只需要看升值空间了，所以不妨把眼界打开一些。位置的核心元素无非是商业、交通、教育与医疗的配套情况与发达程度，往往越发达越贵，越贵升值越快。过去很多在上海、北京等一线城市做生意或打工的人回老家买的房，通常都没有在一线城市买的房升值多，就充分说明了这一点。你们在城郊的房子已经是在自己工作的城市了，当初买的时候位置并不优越，那就应该花点时间研究一下这套房子未来在城市中会处于什么位置，看看城市规划。如果从核心元素出发没有亮点的话就应该变现，再找个区位好的或有潜质的地方投资，不要因为感情因素不舍得脱手，就任何投资而言，感情都是跟钱过不去的。"我一口气将当初在美国生活时买房的Location、Location还是Location的理念说透了，因为在中国买房也是同样的体验，这个道理应该是放之四海而皆准的。

C听了若有所思："我以前觉得低价的房子升值快，对股票我原来也是这么认为，结果砸在手里的几乎都是低价股，可以说交了不少智商税。绝对的价格高低其实是没有意义的，贵不贵都是相对的，鲍鱼卖100元感觉像捡了大便宜，咸菜卖10元就觉得太贵了。我想这就是所谓的性价比吧，只是我们没有实力，价格太高的房子也买不起。"

"你说得非常到位，一切都是性价比。性其实就是价值，价就是价格：价值高于价格了，性价比就高；价值低于价格，性价比就低。普通人都没有实力投资豪宅，这正是我要讲的房产投资应该考虑的第二点。"我喝了口茶，润了一下嗓子："对于中产阶层来讲，除了自己住的，还能有一套投资房产已经相当不错了，如果还要面积大单价高是不太现实的。不过没必要沮丧，因为这反而符合房产投资大户型不宜的原则。"

"这是为什么呢?"M忍不住插了进来，显得非常感兴趣的样子。

"那还是因为供需关系。"我喜欢这种在座的人都积极参与的交流："房子太大了总价就高，没有太多人能买得起，这是其一；其二，多数人是刚性需求，空间只要满足家庭需求即可，奢侈毕竟不是多数人的诉求。所以对经济型房屋的需求体量最大，成交的可能性也最高，而成交量的活跃通常会推动价格上涨。即便是有钱人，从投资角度出发，可能也会倾向于投资更容易出手的房子，成为这类房产需求方中最有实力托底甚至推动价格的一个群体。当然，投资房产并不是越小越好（除非是所谓学区房，越小似乎单价越高，不过几乎纯靠政策，等于赌房了），因为房子最终还是用来住的，而有购买力的多数不会成为这类房子的需求方，无论是从刚性需求的角度还是从投资回报的角度来看。我的观点是不小于一房一厅，不大于三房一厅的房子是最适合投资的，可以称之为经济型房产。"

"挺有道理的，我会下点功夫研究一下是继续持有这套房子，还是置换一套更有升值空间的。"看得出C对房产投资是上心了。

"你们确实应该上点心，我猜这套房子应该是你们家最重要的资产之一吧，甚至可能是除了你们现在自住的房子之外最值钱的资产，对吧？"我很清楚没有显赫家庭背景的工薪阶层会有多少资产积累。

"那还用说，就靠我们俩这点收入，不用算就知道。"M挺有自嘲的幽默感。

"你们都已经有两套房子了，已经很不错了。"我也笑着调侃了一句："反正房产对你们家来讲跟绝大多数中国人一样是最值钱的资产，不能掉以轻心，特别是作为投资性质的房产。这种有了房子就可以躺赢的感觉是挺危险的，这只是过去20年房价的单边上涨给人们带来的幻觉。太过辉煌的过去基本预示暗淡的将来，这是客观规律，因为涨得太多了就等于把未来升值的空间压缩了。"

"为什么作为投资性质的房产更要小心呢？"C问道。

"赚不到钱这个房子要它干吗?! 既然是做投资，那就只在于盈亏。房子没有什么特别，跟任何投资品一样，能生钱就留着，生不了钱了那就换其他生钱工具。"我能够体会到多数人对房产的感受与其他资产是不一样的，难免会有感性的成分，但投资只需要理智："中国的房地产市场并不是真正市场化的，政府有限价政策就足以说明。任何由政策起决定作用的商品价格是充满不确定性的。过去20 年中国的房地产市场为什么会风生水起？当然是各地政府所主导的高价卖地、补贴城市发展的路子所决定的。没有高价房就卖不了高价地，卖不了高价地，政府靠什么获得财政收入？但地终究是要卖完的，又不能将卖了地收回来再卖，尽管中国的房地分离制度在理论上是可以反复卖的。所以当没地卖的时候，钱从哪里来？只能从房子的持有上课税了，对政府来讲这才是长久之计。对于普通人来说，房产的持有成本高了，房产自然就会贬值。而房价低了政府更不用担心，因为反正没有地可以卖了，该收的钱都已经收了，这时普通人也都能买得起房子了，这不正好达成居者有其屋、共同富裕的目标吗。"

"但是我看到有新闻说不少城市除了最高限价，也有最低限价，那说明政府也不希望房产跌得太厉害吧？"M 觉得我说的与政府行为不尽相同。

"那主要是因为金融风险，一半以上的房地产都有银行贷款，所以房地产现在才是真正的大而不能倒，银行被套住等于是政府被套住。对于政府来讲最优的结果就是在化解金融风险的过程中慢慢地让房产不再升值，甚至贬值。媒体在讲老百姓租不起房，这是很有讽刺性的，因为中国房产的租售比几乎是全球最低的。相对于房价，租金太便宜了。或者反过来讲更有道理：相对于租金，房价太高了。"我在美国和中国都有房子出租的经验，美国能有近5％的租金回报率，中国只有1％多。

"这么说房子一定会跌喽。"C显得有点担心。

我摇了摇头："刚才我不是说了吗，中国的房地产市场不是根据欧美成熟化市场的发展规律预测的。除了政策性太强外，还有民族文化心理与价值观因素，比如中国人的房子情结，有房才能结婚的财产观，共同出资的家族观，甚至是从众心理与预期，等等，组合成支撑房价的底盘。所以还是得做具体判断，不过房价大概率是不会再有每年超过10％的涨幅了。"

M和C都点了点头，几乎同时说道："房子的事我们回去好好商量一下，或许可以从提高生活品质出发来考虑。"

"看来我的理财观念对你们真正产生影响了，要回归生活初心来打理金钱。"我喝了口酒，瞬时产生了种欣慰的感觉。

　　C又敬了我一口酒："我收获确实蛮大，真正理解了从生活目标出发做投资和仅仅为了收益做投资的本质区别。"

补地基的缺口——保险

"你这么说我非常高兴，就此打住已经值回酒钱了。"在酒顺口而下的同时我开始转向了下一个更重要的话题："但是，尽管正确的投资观念对每个人至关重要，我也翻来覆去从不同的维度剖析投资。不过有些事投资还是解决不了，而这些事对每个家庭而言甚至比投资本身还重要。"

"还有比投资更重要的事?!"C几乎喊出了声，而M脸上却挂了一丝已了然于心的笑意。

"绝对有!"我不容置疑地说道："投资的前提是家人没啥大事发生，不可预测的人生风险没有成为残酷的现实，否则钱都没有了，哪里还谈得上投资。"

"老师能举个例子吗?"C 显出了若有所思的神情，其实心里基本明白是怎么回事了。

"比如家里有人得了重病，需要几十上百万元的医疗费用，这可能会吸干一个中产家庭的家底。如果是家里的'顶梁柱'得病的话，那情况就更严重了，因为在需要花掉这么多钱的情况下，进来的钱（收入）可能也中断了，这是屋漏偏逢连夜雨，双重打击，哪里还有钱去投资呢。我在前面说了理财的一个目标是填补人生愿望所需要的金钱的缺口，投资只是补缺口的手段。当人们得了重大疾病时，那就顾不了人生的愿望了，这就说到了理财的另一个目标：补地基的缺口，家庭财务的地基就是应对各类人生风险的金钱基础。显然，打理金钱不仅仅是通过投资去补愿望所需金钱的缺口，还需要通过其他手段去补人身风险的缺口。"我歇了一口气，拿起了烟。

"这么说的话理财不仅仅是和投资有关系，应该还与保险有关系吧?"C 边问边给我点上了烟。

"到底是卖保险的家属!"我和 M 都笑出了声："理财顾名思义就是打理钱财，除了将钱打理得更多，还要打理可能出现的缺钱的坑。这就好比建房，将钱变得更多来满足各种人生的愿望，比如要给小孩最好的教育，要住更好的房子，想要高品质的退休生活，等等，都是在打造地面以上的美好生活，而防范各类人身风险就是用钱打地基了。地基看不见摸不着，没事发生，是感觉不到地基的作用的，房子倒了才知道没打地基的严重后果。在钱财方面打地基，用的是各类寿险产品，也就是我们所称的保险。真正意义的理财，是以投资各类非保险类资产来将钱变得更多，以补上各种人生愿望的缺口。但首先应该配置各类寿险产品以补上地基的缺口，在地基打好后再干地面上的活。所以广义的理财行为除了买卖各类保值增值的资产，还包含了用钱来购买各类寿险产品。"

C插了一句："我注意到老师一直在说的是寿险，这跟我们说的保险有区别吗？"

"保险是笼而统之的称谓。"M不待我回答就接上了："老师，您歇会，我总算有机会跟这个抗保分子好好谈谈保险了。"我和C都哈哈大笑起来，M也不管我们，径直往下说道："所有用金钱赔付或支付以应对可能发生的、需要钱来弥补的风险的产品都是保险。以财产作为被保对象的称为财产险，比如车险就是财产险的一种，车子撞了可以从保险公司拿到赔偿，撞了人了还可以让保险公司赔别人钱，但赔偿都是基于车辆这种财产发生了什么；以人作为被保对象的就是寿险，比如住院险就是寿险的一种，因为人生病了，住院费用由保险公司支付，一切的赔付都是基于这个人身上发生了什么。老师您觉得我说得到位吗？"

"说得非常精准！"我不禁竖起了拇指："理财为什么没必要包括财产保险？因为财产保险只是保物而已，跟保人相比还是次要的；要不就是强制购买的，如车险，无需规划。不管什么保险，中国人都以保险这个名词一概而论，其实在某种程度上也说明了社会对保险概念的认识是模糊甚至是混乱的。在英语国家中，人们不会说自己有没有 Insurance，而是会明确界定有没有 Life Insurance 或者 Medical Insurance。"

C 显得有点愧疚地与 M 对视了一下，然后转头对我说："我确实没有对保险上过心，甚至有点反感 M 从事保险销售，更不用说有耐心听她讲了。有幸听老师这么条理分明剖析这些我原本以为很清楚的概念，确实意识到了自己有不少认识上的误区。今天机会难得，能请老师将保险，哦，不对，应该是寿险，充分展开一下吗？"

"抗保分子都想听我讲保险了，我能拒绝吗！"我语气夸张地开了句玩笑，有点小得意地喝了口酒："简单来讲，寿险就是补生老病死的缺口，什么缺口？就是钱的缺口嘛。所以不管是谈保险也好，还是谈寿险，是不应该先谈具体产品的，肯定应该从钱的缺口谈起。怎么会有缺口呢？是什么引起的缺口呢？人生可能会有很多不确定的事发生，如果这些不确定的事成为现实，那么就会产生金钱的缺口，甚至巨大的缺口，这才是理财意义上的风险。每个人所面对的这种风险主要有四类：第一类是生的风险，这里主要指有了子女后将要背负的教育费用。所有人都知道良好的教育是幸福生活的敲门砖，甚至是人生的基础。当子女需要获得良好的教育时，没有经济的支持是一件很悲哀的事情，所以教育费用的准备是特别重要的。通过购买教育金保险，可以起到强迫储蓄和锁定教育费用的作用。但教育金保险，也是少儿险的一种，并不是一个最重要的险种，因为储备教育金有很多种方式，比如银行储蓄和教育基金，所以这种保险还没有到不可取代的程度，只是一种选择。第二类是老的风险，就是人老了退休了不赚钱了，而生命还在继续，退休前存下的钱不够用了怎么办？寿险中有种产品称为年金保险，俗称为养老保险，是专门用来应对这种风险的。一说到养老，大家好像都是专家，养老谁不懂?！中国人好像天生就是养老专家，几千年了，中国人都是一辈子在准备养老钱的。也就是现在苦点，省吃俭用，老了就不怕没钱，再说还有养儿防老这个后手呢。其实这么做我认为是对不起老天爷给的这段人生的，人生苦短！一晃就过去了，年轻的时候就没有生活品质，老了以后即使有钱可能也不知道怎么享受生活了，更不用说老了通常也不会有钱，没有规划地省吃俭用，钱还是不知道去哪里了，可能养儿育女吧都花了。所以我觉得养儿防老是这世界上最靠不住的一件事吧。"

"可是购买您说的年金，不是一样要省钱付保费吗?"C有点困惑地问。

"那就不一样了，你注意到我说的省吃俭用前用的没有规划这四个字吗?"C点了点头，我接着说道："生活中用钱的地方这么多，没有规划的话，通常会让你感觉省下的又不知去哪里了。现在多数的人都知道不能光省，还需要投资增值，但我在前面说过多数人没有正确的理财思维，结果把投资搞成了投机，不仅没能将钱打理得更多，反而变少了，甚至搞没了。还有一个是每个人都要面对的人生难题，就是不知道自己什么时候离开这个世界。如果跟钱无关，也就无所谓了，问题是只要在这个世界上待一天就需要花一天的钱，那如果不知道待多少天，就不知道要花多少钱了。所以即使有一套房子将来可以变现养老，但那套房子老了时卖了也不知道够不够啊！因为还不知道到那时候可以卖多少钱呢。总而言之，现在未来啥都不确定，年金这款保险产品就奔着老了以后钱不够花这个人生难题而产生的。就你刚才那个问题，支付年金的保费对普通家庭来讲是省下来的，但以终为始，按退休后所期望的生活品质，确定每月或每年所需要的钱，拿出尽量不影响现在生活品质的保费，以换取未来所需要的钱。如果保费太高影响现在的生活品质了，就有两种选择，要么降低对退休后生活品质的期望，要么就将这份年金作为养老金的补充，降低保额，多数人毕竟还有社保和退休金。当然未来手头更宽裕时也可以再提高保额，人对将来的期许通常随着能力上升会不断提高的。所以同样是省下来的钱用于将来，有目标有规划就能做到既保持现在的生活品质，又保证未来过得不差，甚至更好。年金保险之所以能达到这种效果，主要是因为其具备两个特性：一个是确定性，只要把保费交了，一定会有确定数额的钱等在那里，即使保险公司倒闭了，按《保险法》也会有其他保险公司接手，保证支付，这个在其他行业几乎是不存在的。因为保险是社会的底盘，政府必须保证。房子可能烧了，基金可能亏了，生意也有可能失败，养老钱就会不够，甚至没有，但年金就在那里；年金保险的另外一个特性是可以与生命等长，也就是不管你活多久，钱可以领到生命结束那天为止。年金之所以是保险，就是含有生命率的测算。在这个世界上很少有东西是可以和生命等长的，一套房子卖了200万元，用到80岁可能可以，但如果长命百岁就不够了。所以年金保险可以成为生命中最后的'港湾'，收益高低不是最重要的，重要的是存在并且永久。以追求收益为目地购买年金，还要追求短期返回收益，你买的根本就不是真正意义上的年金保险，不仅没有用到其不可取代的核心功能，反而放大了其短处。看短期收益，年金是不会有竞争力的，除非是伪年金，不然就是被忽悠了。但一旦将生命放长远看，就没多少东西的收益是超过年金的。"

"茅塞顿开啊！" C不禁感叹道："我为什么看不上保险，其中一个重要的原因就是看了年金的收益率，你想我是个做股票的人，本来一般的收益就看不上的，所以就觉得保险都是不靠谱的。我确实是不情愿我老婆做保险的，没承想她还干得有滋有味。为了生活我也不好说什么，现在看来我的视角是有问题的。"

和C这样坦诚的人交流确实令人愉悦，我说："其实我认为只要是存在足够长时间的金融产品，那么它一定是满足了人们的某种需求的，否则是无法在市场上生存的。所以在审视这些产品时一定要找出其特有的甚至是不可取代的核心功能，然后看看这些核心功能是否与自己和家人的需求匹配。下面我就讲讲寿险中另外一种不可取代的产品，是专门应对第三类风险的，也就是病的风险。对于普通的生病住院，像你们这样的中产家庭在钱上应该是能应对的，但家里有人患了重症对家庭财务影响就大了，可能会导致一夜返贫，甚至会因为费用太高而放弃治疗。由此可见，普通的医疗住院保险买了无妨，毕竟还是能得到不少补贴，保费不多，多数家庭还是可以应付的。但重疾医疗保险却不可不备，因为一旦家人生了大病，要花的钱就多了去了，只有请保险公司来补充了。也许有人会说有基本医疗保障呢，其实这不应该是中产阶级讲的话了。什么是基本医疗保障？就是基本的维持底线的医治，到了生大病的节骨眼再指望基本医疗保障怕是杯水车薪了。"

"是啊，现在好像生大病的人比以前多。我部门有个同事最近就得了肺癌，都中晚期了，挺惨的。"C不由地感叹道。

"是不是比以前多我倒是没看过统计数据，但得病概率不低应该是不争的事实。只是现在的医疗水平比以前发达了，大病有一定概率痊愈。而正因为能治好，就更需要钱了。所以说钱尽管不是万能的，但没有确实是万万不能的。"

我说的时候M对着她老公借机发挥了："我让你买份重疾险你不听，现在你还抗拒吗？"

C有点不好意思地幽默了一下："应该买、应该买。没理由你得病有人管，我得病就没人管了，哈哈。"

M转向我说："他一直不听我的，我也没办法，给自己先买了。其实他是我们家更主要的劳动力，他要生病我们家就垮了，所以更应该买。"

C赶紧接过话头："我现在越来越不重要了，你挣的钱已经超过我了。"

我敬了C一口酒："不过我看得出你在你太太心目中的重要性。身体的风险不可不防，确实应该和M一样要有份重疾险防身。但正因为你是家庭的支柱，所谓支柱，最基本的自然是金钱支柱，那么我要谈的下一类风险，也是最后一类风险对你和你的家庭可能同等重要，甚至更重要。"我停顿了一下，有意无意地卖了个关子。

"那一定是死的风险了，生老病死嘛。"C反应迅捷。

"没错，人生的第四类风险，死的风险，或者不说得这么难听的话，称为生命的风险。家庭经济支柱非预期的死亡会中断家庭的经济来源，这对于有未成年子女的家庭来讲是不能承受的。你们俩就一个小孩吗?"我问道。

"对，就他一个。"M拍拍坐在她旁边的儿子的头。

"那你们俩是应该甚至必须有寿险保障。"我直视C的眼神："特别是你，作为丈夫和父亲，如果你不在了，太太的生活品质和小孩的教育品质将无从保障，你觉得呢?"

"那当然喽，作为男人那是必需的。"C没有任何迟疑。

"你在的时候可以努力工作努力赚钱来保证，万一你不在了，拿什么保证呢?"我进一步问。

"这个确实是不好说……"C显得有点局促，说道："我们家房了贷款倒是都还完了，不过没有什么其他值钱的资产，毕竟不是做生意的，靠打工的这点钱能挣下两套小房子已经不错了。"

M忍不住插话道："养孩子负担真的不轻，管吃饱喝足也还可以，教育支出实在是太高了。"

"教育对于每个有小孩的家庭好像痛并不快乐着，被财力和精力压得喘不过气来。"提到教育我有点忍不住要发泄一下。我做业务培训这么多年，真切感受到人们在教育投入上的本末倒置。多数人在子女教育上的投入要远比在自己的专业提升上高，人们不明白其实对自己的教育投入才是性价比最高的。当然我也理解中国家长在子女教育上被形势裹挟的无可奈何。我接着说道："大家也没办法，但必须面对越来越缺钱的现实。你们家既然还没有积累足够的资产以自保，也就是说，留下的钱不足以提供你们所期望的配偶和小孩的生活与教育所需，那么万一你们俩当中有人不能再赚钱养家了，谁来填补你们的空缺?"

M马上幽默了一把："我们俩都是穷人家出身，没得靠!"M又转头望着她老公："要你上个寿险好像要你命一样，就是不愿听!"

C也不失时机地调侃了一下老婆："你能说得像你老师一半清楚我还会那样吗，我看你就不适合卖保险。"接着C很诚恳地看着我说："我明白了，对我来说谁最重要?当然是老婆孩子啊，保证老婆孩子的生活品质就是我人生最重要的目标，最起码是之一吧。既然是最重要的目标，自然会不计代价。"

"没这么夸张，不需要不计代价。"我反倒被C的认真逗笑了："你跟绝大多数的丈夫和父亲一样有情有义，有明确的人生目标，我也是其中一个。"我们仨不禁大笑起来，举杯庆祝了一下对自己的赞美，我接着说："目标重要并不意味代价就要很大，无非就是做个体检，每年有笔固定支出而已。自己空缺了，由保险公司填补;没空缺，感谢老天爷!很多年轻家长普遍在赌命，明明知道自己对家庭有多重要，但就是觉得自己死不了。更匪夷所思的是，配偶也没有保护自己和小孩的意识，觉得自己能得到神的眷顾。我在美国生活过多年，美国人对于生命失去的风险意识正好与中国人相反，为什么有这样的反差？我觉得可能最重要的原因还是投机心理太重了，机会主义表现在方方面面，要展开的话今天这顿饭就吃不完了，以后有机会再聊。但赌命确实不值，就因为上一代'赌'过来了，这一代继续'赌'？设想一下如果我们的父母在我们未成年时就走了会是怎样的情景呢？这种情景放在自己的子女身上你能接受吗？只要回答是'不'，赶紧趁身体还好，保险公司能让你核保通过的时候去买了。大家都看不起保险，实际上保险是最牛的，是极少你有钱也不卖给你的东西。"

"那您觉得为什么这么多人对保险不待见呢？"C问的时候可能没意识到他是其中的一员。

"是啊，照道理是不应该的，中国人是世界上最注重家庭的民族，最起码是之一吧，没道理不认可保险这种对家人最好的安排。我思考过这个问题，除了中国人几千年来有事大家帮、不靠制度安排的传统观念已深入骨髓外，还有就是卖的人没把保险当保险卖，买的人没当保险买，互为因果。"我脱口而出，显然这个问题在我脑子里转了好久了。

夫妻俩几乎异口同声："这怎么讲？"

"保险其实是一种制度安排，通过商业法则让没病的人帮生病的，没死的帮死去的，没老的帮老了的，而且是陌生人之间。而中国从来是个熟人社会，人们既不相信倒霉的事会发生在自己身上，又觉得万一有事总有亲朋好友帮的。其实说来也挺悲哀的，我认为人们并不是天生就这样的，主要还是没有什么制度可以依靠。从古至今都是在家靠父母，出门靠朋友，不相信还有什么其他可以靠的，所以对于任何眼前看不到能使钱变多的东西都缺乏支付意愿，甚至不屑。至于把保险不当保险买卖我觉得也非常容易理解，国内 90 年代初才出现针对个人的商业保险，国人刚刚走出'一穷二白'的窘境，掏出的钱是必须要看到它变得更多回来的。但是几乎所有真正的保险，甚至像车险这样的财产保险，是不确定钱能不能回来的，以及何时回来，更不要说变得更多了。因为保险就是防万一的嘛，没病，医疗保险不赔；没死，人身保险不赔；不出车祸，车险不赔。这样的产品怎么可能卖给已经穷怕了的，惜钱如命的中国人呢！所以保险公司就只能从返还上动脑筋了，返还更快，这自然就成为保险销售的话术和客户购买的理由了。结果是什么呢？活生生将保险做成了保值增值的储蓄收益类金融产品。如果能做到收益不低于其他金融产品，那么肯定是伪保险产品，否则保险理赔的成本是无法覆盖的；如果是回归保险本质的，有足够理赔功能的产品，那么销售人员往往会在收益预期上误导客户，否则客户不会埋单。如果买了，客户基本对结果不会满意，人家想啥事没有就赚钱，保险要有事才给钱，结果必然与预期不符，客户往往有上当的感觉，导致了'保险是个坑'这样负面的社会认知。"我一气呵成，有酣畅淋漓的感觉，继续说道："所以说任何事情回到初心还是最重要的，既然是买保险，当然要买其他金融产品不能取代的功能，否则干吗买呢。"

C马上接过话头："老师说得极对！万一有个三长两短不给家里留个几百万元枉为一家之主了，我回去就让老婆办，这点保费应该不会影响到现在的生活。只是我炒股这么多年了，一下子确实放不下，老师能否给点建议？"

我不禁笑了："这个很简单，人生苦短，喜欢的事能干尽量干，但关键是在这个'能'字。一是你知道在专业上'能'的有限，肯定不能和基金经理这样的专业人士比，所以还是处在'炒'的层面，只要是'炒'，就不能当真，不能太投入进去，作为兴趣即可；二是只能玩点小钱，输了不会伤身就好，小赌怡情嘛。"

夫妻俩听了对视一下，似乎有了种默契，同时点了点头。

末了看一下时间，这顿饭吃了足足6个小时。

财富篇

财富的转移与传承——高净值人士的最大关切之一

　　学员 F 追随我学习寿险业务有一段时间，可以说是我的铁杆粉丝，尽管她和当前多数的寿险业务人员一样比较缺乏逻辑思维，对我开发的财富管理顾问系统掌握起来比较吃力，但好在肯花时间，愿意投入精力和金钱。我问过她为什么刚进行业没多久就愿意花上万元的学费来学习，她告诉我大家都说保险不好卖，既然不容易做那就不能三心二意，要么不做，要做就要全力以赴，否则一定不会有好的结果。她说有同事介绍"四商一法"是行业中最有体系并且能落地的业务系统，公司里很多优秀的小伙伴也都持有这个系统的资格证书——特许私人财富管理师（CPWM），既然这个行业的先行者已经替她走出了一条发展道路，那她就只要脚踏实地地前行就可以了。由此我对F印象深刻，感觉她是能掌握大方向的人。一般来讲，学员们加了我的微信，如果在微信上问我问题，我一般会以不做一对一咨询而婉言拒绝，这么多的学员实在无法应对，只有请他们去大单道公众号上提问。但对于F，由于她是我的忠实拥趸，加上正在高净值业务上做着持续不懈的努力，进入了我以师徒之道相待的小圈子，有什么需要帮助的我都会尽可能提供。

最近F的业务渐入佳境，除了成功突破绝大多数寿险代理人以重疾等单一医疗保险产品为主打的业务框架，并成为能给客户提供年金和寿险规划的综合寿险顾问外，身边的高净值客户也开始多了起来，这其实跟她的综合素养的提升有关。F这两年通过对"四商一法"理论的不断学习与实践，她对高净值人士和普通人在应该如何对待和管理金钱上的根本区别已有深刻理解，但在面对这些成功人士时，还是缺乏底气，要不就是张不了口，就算张口了很快也被对方挡回来。想想也是，高净值客户在财富理论与知识储备上是全方位碾压金融机构的前端业务人员的，金钱给了人自信与气场，加上成功者必有成功之道，见识和思维也往往高一个等级。

F问我怎么突破这一现状，我说只有坚持向客户提问，以问而不是说来引导对方说出真实的想法，你才能发现问题所在，真正掌握客户需求。只要围绕客户需求不断实践，与高端客户交流的逻辑和思路一定会通。我同时告诉她，与客户进行交流只有自己亲力亲为，无人可以替代，交流的内核是一样的，但风格和场景可能天差地别，她只能在实践中慢慢摸索和转化在我这里学到的东西。

F听了后又问，那我能不能带位客户来见你，这样我有机会体验一下你是怎么交流的，直观感受一定非常有价值。我被她说得哈哈大笑，自然就应承了。

这天很快就来了，F的行动力很强，这也是我愿意帮她的原因之一。F介绍说是她原来公司的老板余总，身家过亿元，有两段婚姻且各有子女。F说前老板很相信她的为人，也一直想支持她的业务，但始终没有想好要做什么。F想带他到我的山间民宿来住两天，她说感觉余总最近不知什么原因对财富转移传承之类的话题很有兴趣，听说我是顶级专家还喜欢喝酒，特别想来和我喝一顿。

这顿酒就在两周后如约开喝了。

"余总，听F讲你想过来跟我聊聊，不知道你想跟我聊什么呢？"我与人的交流通常都是从提问开始的，要交流到位就要先关注对方而不是自己，所以酒过三巡，我适时问道。

"听F讲老师很厉害，专治有钱人的'病'。"我被余总逗笑了，但我看着他，没说话，他显然没完，接着说道："我也不算太有钱，但确实总有一种不踏实的感觉，我想有您这样的顶级专家给我点拨点拨，一定可以让我茅塞顿开。"

我敬了一口酒，说："客气了，顶级专家不敢当，余总觉得哪里不踏实呢？"

"我现在企业做得不错，一年可以挣个几千万元，但年龄过五十了，接下来可能没法像年轻时候那样拼了，而且我也不想太拼，万一有个闪失也不值，一家老小都指望我呢。虽说挣下的这点钱我这辈子是不愁花了，但一想到家人，将来怎么留给他们，心里就慌慌的。"看得出余总今天是碰到我了，姿态放得很低，今天的表现肯定不同于在 F 面前的表现，可以预见我们的交流会非常顺畅。

"钱留给家里人不是好事吗，有什么好慌的呢?"我有点明知故问，但倾听别人的心声永远都不会错。

"我有两段婚姻，和前任太太有个儿子，都 20 多岁了。现任太太生的双胞胎女儿只有 5 岁，我太太心里只有她那两个女儿，我儿子不在她心上，但儿子也是我的心头肉啊。"

"明白了。"我能感受到余总在提起他那几个宝贝子女时眼神里透出的光:"余总不是一般人，想的事情是多数中国的有钱人还没意识到，或者回避去想的。道理其实很简单，有句老话，'生不带来，死不带去'，自己这辈子用不了的只能给身边人。普通人和有钱人在金钱上的根本区别在哪里? 不是钱少钱多的区别，而是普通人有缺口，有钱人没缺口。缺口分两类:一类是愿望的缺口，比如想改善一下住房条件，送小孩出国留学，退休了周游世界，等等，普通人会感到始终缺钱，因为一直有新的愿望冒出来;另外一类是风险出现时的缺口，比如生大病了，子女还没成年家长去世了，活得长了钱不够了，等等，我称为地基的缺口，是家庭成员发生了意外而产生的金钱的缺漏。所以普通人打理钱财就要围绕这两个缺口，通过投资和保险方式来填补。但没有缺口的富人还以此为中心就本末倒置了，因为钱已经多到花不完。所以余总已经考虑到高净值人士应该考虑到的更高层面的事情，那就是财富的转移与传承的问题了。"

"得到专家的夸奖值得庆祝一下。"余总和我们碰了一下杯："其实也是F跟我提起这档子事，尽管当时我没表示什么，但确实心里一直在惦记这件事。最近我有位朋友突然走了，心脏病，快60的人了，还老陪客户喝酒，钱怎么赚他都嫌不够，啥都没安排，家里都乱套了，在法院打官司呢。这次听F讲有机会见您，就赶紧来了。"

"看来你真是来看'病'的了。"我调侃了一句："不过认真地讲，你更是来让我看是否有'病'，好像有点不舒服，也就是不踏实，但到底有没有问题不确定，对吧？在我给你'把脉'以前先告诉你一个坏消息：中国的有钱人基本都有'病'。我为什么这么肯定？且不说我的学生们所反馈的与你们这些富人谈这方面的事情有多难，即使我在给高净值人士做讲座时，问做过遗嘱的举个手，从来不超过三个人，不管是 50 人的场子，还是 100 人的场子，这种情况基本可以说明中国的高净值人士到目前为止对自己的财富都没做什么安排。顺便也请问下余总，你做了遗嘱吗？"

余总显得有点茫然，说道："没有。"

"没有安排就是最坏的安排！"我用不容置疑的语气说道："因为没有安排就等于自己奋斗一辈子所积攒的钱财不是自己说了算，你知道是谁说了算吗？"

"谁说了算呢？我的钱还轮得到别人说话吗?!"余总的语气中夹杂着疑惑和不屑。

"法律说了算。"我停顿了一下，然后说道："就像你朋友，能说的时候不说，结果就没机会说了，他的所有财产就变成遗产。没有遗嘱，那就按法律的规定来了，这称为法定继承。可见，这种情况家里人说了也不算，他们只能走法律规定的程序，然后同样根据法律规定取得相应的份额。"

"是这样啊。"余总没有原来那么神闲气定了："那法律怎么定的呢？"

"根据中国的继承法规定，遗产是由老、中、青三代平分的，也就是被继承人的父母、配偶和子女作为第一顺序平分遗产。当然在这么做之前首先要界定哪些是遗产，如果是婚内共同财产，那么配偶的那一半就不是遗产。"我俨然像个律师，不过做私人财富管理顾问行当的确实应该是半个法律专家，因为一切用不完的金钱，不管是哪种资产形式，最终都是权属的变更，而任何权属的问题都是法律的问题。

余总一听就不认了："怎么可以这样呢！我爹妈这么大年纪了，拿这么多钱干吗！"

"那余总是想给谁呢？"尽管我心里清楚，但还是要确认，不能想当然，任何专业的建议必须基于对方确切的想法。

"当然主要是给子女吧，你也说了老婆本来就有属于她自己的那一份的。"看来余总的想法确实如我所想。

我非常认可地点了点头："你跟大多数人的想法一样，子女既是最亲近的，也是真正的直系，不把财富留给他们那留给谁呢。至于父母，我想你肯定会给他们留养老钱的。在你这个年龄，财富传承一定是往下走的。另外再请问余总，你爷爷奶奶和外公外婆还健在吗？你有兄弟姐妹吗?"

余总眉头舒展了一下:"我妈那头还是有长寿基因的,外公外婆都过 90 了,我爹那头就没了,我自己还有弟弟妹妹,弟弟在我企业干。"

"这样的话,财富外流的可能性就非常大了。"我喝了口酒准备详细解释一下:"继承法规定的继承人顺序特别重要:假设你没了,生前没有立遗嘱,那么法定继承的第一顺序是父母、配偶和子女,因为你父母都健在,他们就可以分两份。如果你母亲先你外公外婆走,你外公外婆就能分到你母亲遗产的那份,等你外公外婆去世,这钱未来就在你的舅舅阿姨那里了。我在江浙地区做财富沙龙或演讲,有时候会对那些老板们开玩笑,说他们留下的钱会在村里分,因为村里人都是亲戚。另外你有兄弟姐妹,就你的遗产而言,他们排在第二顺序。只要第一顺序有人,就轮不到他们,但因为你父母继承了你的遗产,父母将来走了,你弟弟和妹妹就等于间接地继承了你的财富。当然你的子女还是会代位继承你的财富,不过你父母可能在生前就已经都给了你弟弟妹妹,也就没你那一份了。以上这些情形我们都称为财富外流,因为非直系亲属经过几代以后就基本上不会有来往了，甚至都互不认识，总之不是真正的一家人。我个人认为财富外流倒是其次，关键是如果一辈子打拼下来的财富没能留给自己最在乎的人，这可能是最难令人接受的，余总觉得呢？"

余总一边听着一边眼珠子在转，跟上我的情景演绎，突然被问住了。我也不管他，和 F 干了杯中酒，回头再看着他，余总转过神来："我觉得我跟老师是同类，不是想不开的人，有钱能让大家分享应该是件开心的事。但企业我是要给儿子的，其他的钱基本是要留给我两个宝贝女儿的，这是最重要的。"

"比你现在赚钱还重要吗？"F 冷不丁插问了一句。

"听老师刚才这么一讲有紧迫感了。既然没缺口了，再多挣的钱也就是数字了，确实先要把这些事情落实了，谁知道明天会发生什么呢。"余总边点头边说。

权属的安排——财富管理的基础

"这样想大方向就对了。"我非常认可地说道:"三四十年前中国人都不富裕,一下子有机会赚钱了,就怎么赚都不够。我分析是因为穷怕了的原因,赚钱成了惯性,反而忘了钱是用来干吗的。即使挣的钱几辈子都花不完,还是在拼命赚。不仅为了生意可以牺牲健康,即使把做生意赚来的钱交给金融机构打理或购买金融产品,唯一关注的还是赚多赚少。其实已经是没有缺口的高净值人士了,首先应该考虑的是权属安排,给到谁手上才是最重要的,这个安排妥了,赚更多的钱才有意义。比如过去 20 年,很多人通过买房实现了资产数倍甚至数十倍以上的增值,手上有几套甚至几十套房产的有钱人比比皆是,但那些现在看来值钱的房了因为权属没安排好,完全有可能成为亲人反目的祸根。"

"我第一次听人讲权属这两个字,老师能详细地给我解释一下吗?"余总很敏锐地抓住了关键词。

"当然可以。"我有点进入讲课的状态了:"关于权属我们首先要从持有资产的三种权利说起,比如房产证上是我的名字,那么我就拥有这套房产的所有权、控制权和受益权。老百姓对此是不会有感觉的,房子是我的,那就是我的,搞这么复杂干吗。在日常生活中确实也没必要知道,反正只要在自己名下想怎么做都可以,存款在自己的账户里,想取就取,想花就花。但是当我们分配财富的时候,其重要性就显现了。我举个例子,比如我女儿在美国留学,每年学费加生活费要十几万美元,她生活无忧、学习正常。现在我意识到我的钱以后都会变成遗产,不一定都能给她,所以我决定现在给她5 000万元,是房产也好,现金也好,反正都归到她的名下,那就是所有权变更了。随着所有权的变更,控制权和受益权也随之归属我女儿。

为什么呢？因为几乎所有的资产都是三种权利合在一起的，而三种权利合在一起的结果是，我的5 000万元变成了我女儿的5 000万元，这笔钱跟我再也没有关系了，我女儿想怎么花就怎么花，我可能连知情权都没有。你会说，本来就是给她的嘛，不知道就不知道，这有什么关系。但是多数人可能会和我想的一样，包括余总你，给女儿这么一大笔钱不是让她现在就用的，而是想提前转移给她而已。余总你设想一下，如果是你女儿，现在有这么一大笔钱，可以随心所欲地消费，身上全是一线名牌，进出都是豪车，你能睡得着吗？我肯定是睡不踏实了，怕有人打我女儿的主意啊。这么说虽然有点夸张，但露富确实是不安全的。再说，我女儿的人生可能就此改变，钱太多了，她的人生就没方向和动力了。总之，就这么把财富转移给我女儿对她没好处。本来我有钱能留给我女儿是好事，但这么操作完全有可能违背初衷，其根源就是权属的问题。"

"我明白了，确实从来没往这方面想。但是经你这么一说，即使分出了所有权、控制权和受益权，似乎也没什么意义啊，还是绑在一起的嘛。"余总有点着急想搞清楚这些陌生的概念，没等我讲完就插嘴了。

"非常好，说明余总看出来这三种权利捆绑在一起不是好事。"我的思路并没有因此被打断："三种权利合在一起之所以对财富的分配与传承非常不利，是因为导致'转移即失去，等待即身后'的结果。"

"'转移即失去，等待即身后'是什么意思?"余总又迫不及待地问道。

我忍不住得意地笑了："这是我自创的，意思就是资产的所有权变更了，这个资产就跟财富传承人彻底无关了，会导致前面所提到的很多问题。多数有钱人确实出于本能也会觉得这么做不妥，而更多的人会觉得自己还年轻，或者身体还不错，等到时候了再说吧，那么大概率而言，这么一等，意外一旦发生，这又会导致生前什么都没安排，一切由法律说了算的结局，极有可能一生奋斗的硕果却成了亲人反目的祸源，就像你那位朋友一样。"

余总反应很快，说道："那岂不是给了不对，不给更不对了?!"

"正是如此，似乎怎么做都不对!"我停顿了一下，卖了个关子，说道："不过余总你想一下，如果可以将所有权、控制权和受益权分开的话，是不是就有解了?"

余总也停顿了一下，但显然脑子没停："有道理啊，如果可以做到给是给了，但我还可以继续控制资产的使用，好像可以解决问题啊。"

所有权、控制权、受益权分置——财富管理的核心

"对呀，如果可以做到'三种权属分置'，产生既给又不给的效果，那就可以走出'给了不对，不给更不对'的迷局了。"当面对跟得上我思路的谈话对象时，我就会非常享受这样的逻辑演绎："所以财富管理的核心就是既给又不给，而有资格讲财富管理的，是你们这些高净值人士，因为只有你们才有分配与传承财富的能力和需求。大家通常将理财、财富管理甚至投资混为一谈，不管是有钱没钱，赚钱都成为唯一目标，把'人'这个最重要的主体

给忽略了，这是典型的本末倒置。"

余总深有同感地点点头："我觉得还真是，那些金融机构的人从来不问我的人生愿望是什么、我家是什么情况，就是一味强调他们的产品收益有多高。还真就是 F 从我的需求出发，试图了解我，才给了我今天这样的机会意识到自己原来没怎么放在心上的，却是最应该上心的事。老师说的'既给又不给'的概念太有意思了，但怎么做到呢？"

"方向有了，总归会有方法的。"我胸有成竹地说："方向是为了自己的亲人，现在就行动，该做什么安排就做什么安排，但同时又不会失去控制。那么方法就是要做到所有权、控制权和受益权的分置，比如该资产还是在我名下，但我可以把受益权让渡给别人，受益人最终会得到这份资产，但现在的所有权和控制权都在我这里。再比如，我把名下的资产转给了第三方，然后我让第三方到某个时间交给受益人，这就意味着我同时放弃了所有权和受益权，但我通过受法律保护的条款保持控制权。就拿前面我女儿的例子来讲，既然我确定要给她留 5 000 万元，那我可以做投保人去买个终身寿险，我是被保险人的同时也是死亡赔付的标的，然后让我女儿做受益人。这样我女儿

铁定会拿到 5 000 万元,因为我终有一天要离开的,保险
公司早晚会把这笔钱赔付给我女儿。但我女儿现在拿不到
这笔钱,完全不影响她正常的人生。怎么做到的呢?就是
我将终身寿险这个资产的受益权给我女儿,自己是投保人
而保留了所有权,做到了权利分置,达成了现在就行动,
但又不失去的效果。"

保险资产可以做到所有权、控制权、受益权分置

"保险还这么有用啊，F没给我讲清楚。"余总说道。

"你有给我机会吗？每次我刚开口准备讲你已经开始给我上课了。"他们俩互相调侃了起来。

我继续说道："是的，就资产而言，只有一种资产可以做到三种权属分置，那就是保险资产。因为所有寿险产品中都有三种权属的主体，那就是投保人、被保险人和受益人。投保人握有所有权和部分控制权，被保险人有部分控制权，受益人顾名思义有受益权。投保人和被保险人之

所以各有部分控制权，那是因为两者都可以决定保单的存在与终止，如果前者停止支付保费，或者后者不再做被保险人的话，保单都会终止。但在保险产品中能成为资产来持有的，只有人寿保险中的年金保险和终身寿险。为什么呢？因为所有其他保险产品都是消费型的，也就是只用来防御风险的，没有现金价值，即使有些产品比如教育金保险有现金价值，但也不足以成为有分量的资产。所以普通人买保险是为防范生老病死的风险，而有钱人应该是把保险当资产来买的，那些消费型的保险对于富人来讲可有可无，因为自己的钱已经足够自保了。"

"这个倒是让我长见识了。"余总不禁感叹道："有了钱我都是买房子、买基金、买信托，从来没想过买保险。"

我意料之中地笑笑："都是奔着赚大钱去的，买保险就不正常了。其实这是个资产配置问题，余总对资产配置了解多吗？"

"不敢说了解多少，都是银行的投资顾问讲的，总之就是各种都买点，组合搭配一下吧。"余总说得有些含糊，显然是一知半解。

"可以这么理解。"我已经习惯总是先肯定别人，这都是在美国工作多年所养成的习惯："总之是分散风险，并获得尽可能多的回报。这种资产配置我称为权益思维的资产配置，或者说是以获得收益为中心的资产配置。尽管非常重要，但不是最重要的。对于普通人来讲，其实没什么必要谈资产配置，因为就这点钱，做不到有意义的配置，只需要根据人生愿望，按目标的远近选择不同期限和风险的产品就行了。而对于不缺钱的高净值人士而言，首先要考虑的是钱的流向，而不是钱的多少，没按所设想的流向实现，钱再多也是没有意义的，甚至还可能是祸害。所以高净值人士首先要做的是权属思维的资产配置，也就是以分配为中心的资产配置。这是更高层面的资产配置，意味着要有更高的格局，这个格局有了，所有以收益为中心的资产配置才有意义。一旦从权属思维出发，保险就成为必须配置的资产了，它不仅仅能解决其他所有资产解决不了的三种权利合在一起的问题，还具备资产隔离的功能。"

"老师能把这个资产隔离给我好好讲讲吗?"资产隔离这4个字似乎触及了余总的神经。

"你们企业主对这个都非常关心，说明大家有不安全感。"我深有感触地说："这个概念实际上同样根源于权属，是用来回答'现在是你的，将来还是你的吗'这个问题的。做资产隔离是为了应对未来可能因负债被追诉的局面，防止已经积累的资产又失去的情况发生，可见你们开公司做生意还是有负债破产的担心的。年金险和终身寿险之所以能起到资产隔离的作用，也是因为保单不像其他资产，只有一个名字、一个主体。假如某位企业主经法院判定需要还别人5 000万，那么这位企业主名下，甚至包括他太太名下的存款、房产，还有公司股权等，都会被冻结用来抵债，这没有异议。但保险不一样，有投保人、被保险人和受益人。投保人拥有所有权，法院只能执行负债人拥有所有权的资产，如果那位企业主不是投保人，只是被保险人或受益人的话，保单就不会被执行；即使欠债的企业主是投保人，那也只有现金价值部分会被用来抵债，保单已支付的生存受益和死亡赔付并不在其中。如果你担心做生意会遇到上面说到的这些风险，不想失去已经挣到的财产，就可以通过保单来建立'防火墙'，在最坏的情形发生时还可以保留住一部分资产。尽管不能说买了保险就不用还债了，但至少可以保住一部分财产。从这个层面来

讲，年金险和终身寿险是最佳避债工具。因为相对于所有
非保险类资产的三种权利合在一起的属性，也只有通过保
险资产才有可能做到资产隔离。"

信托可以避债

"明白了，但我好像听说过信托是可以避债的。"余总有点不太确定地问道。

我眼睛一亮，说道："你提到了特别重要的一个东西，欧美的有钱人几乎没有人不做信托的。"我端起酒杯喝了一大口，开始展开下一个重要的话题："首先需要澄清两个重要的概念，即信托产品和私人信托。我们中国人所谈论的信托通常是指信托产品，就是由信托公司作为专业投资机构，引入国内外资金、受人所托、运作项目、获取收益、分享回报。对于个人投资者来讲，这和买份基金没有本质区别，只是法律地位有差异，投资者基本感觉不到。
信托公司不能像公募基金那样任由个人买卖，而是将项
目打包成产品，多数通过银行卖给高净值客户，因为项
目有周期，资金就会被锁定数年以上，普通人没这么多
闲钱，承受不起，所以门槛比较高。这种信托不是用来
避债的，更不是用来做财富分配的，只是一种投资方式。
而私人信托，说得高大上点，也可以称为家族信托，才
是财富管理意义上的信托，既能避债，又是终极的权利
分置器。"

余总见我停顿了下来，以为我讲完了，急忙说："请
老师给我科普一下这个私人信托。"

"当然，私人信托对有钱人而言太重要了，我本来就
准备重点介绍的。"我刚才只是歇了口气："私人信托其实
就是个法律文件，里面除了条款还是条款，它不是个真金
白银的资产。或者说，是某个委托人在条款里明确将其名
下某个或某些资产转移给受托人，而受托人根据条款中定
的规矩打理和分配相关资产，目的是实现委托人想惠及的
对象以及惠及的方式方法。信托文件做好了，如果资产没
实际从委托人名下转到信托账户或信托名下，那所谓私人

信托就是一堆废纸。这就是为什么我前面说保险是唯一能做到'三种权属分置'的资产，而没有包括私人信托的原因，因为私人信托不是资产。"

"你的意思是说，私人信托是可以做到'三种权属分置'的?"余总问道。

"不仅可以做到，而且是可以将'三种权属分置'做到极致的。"我继续说道："刚才我说的委托人将资产转移给受托人，那就是委托人将资产的所有权给了受托人，但委托人可以通过信托条款控制受托人对资产的权限，而被惠及的对象获得的是受益权，这就彻底将资产的权属分配给了不同的主体。把事情搞得这么复杂干吗呢?都是钱多了闹的，不这么做还真不行。"我看到余总疑惑的眼神，歇了口气说道："我给你举个例子吧。比如说你当初跟你前妻离婚时你儿子还小，法院将你儿子判给女方抚养，你准备了500万元给你儿子以后教育生活所用，你前妻自然就问你要这笔钱，因为儿子跟着她生活，你会给吗?"

"肯定不给啊，万一前妻再婚又生了一个，我不能把钱拿去养别人的孩子啊!"余总想都没想，脱口而出。

"对啊！如果我是你的话我也不给，因为各自再成家是大概率事件。"看得出来我表达出的同理心让余总挺受用："既然是你主动提出的，钱肯定会给儿子，但你可能因为各种原因或想法不愿意一次性给。你觉得生活费每年定期打给你前妻就行了，将来儿子考上大学还可以给一笔奖励金，这样的话你儿子也会有爸爸始终伴随的感觉。但你前妻就不答应了，她觉得钱不在自己手里是靠不住的。即使她相信你一诺千金，也会想你再婚又有了小孩就会改变主意，再说万一将来生意出问题了没钱了呢。所以双方都有充分的理由把这笔给儿子的钱掌握在自己手里，都没错，谁也不让步，这样的话就成死结了。怎么解开这个死结呢？你可以把你的想法写下来，指定这 500 万元是给儿子生活和上学用的，并具体明确每年儿子可以领取 20 万元生活费，学费直接转账给学校，如果儿子考上大学奖励 100 万元等，想怎么写就怎么写。然后你把这份写好的东西交给受托人，由受托人开立账户，你将钱汇入，以后受托人就按你写的具体指令来执行。为了让双方都安心，没有变数，可以将写下的条款设定为不可撤销。这样的话，谁都碰不到这笔钱，只有你儿子作为受益人可以享受到，但却必须按你定的方式来获得。这就满足了所有各方的诉求，特别是作为财富的持有者和委托人的你，完全可以实现给儿子提供高品质的生活和教育的愿望。相信你前妻也不会再有意见，毕竟钱已经锁定了，而作为受益人的儿子因父母离婚受到的影响可能因此被最大限度地降低了。这一切效果都来自对所有权、控制权、受益权这三种权利的分割，这份你写的东西如果按信托法规定制成了信托文件，就是私人信托。"

余总一拍桌子："这真是太妙了！老师，不瞒你说，当初我离婚时还真是有那么一档子事，我就没把该给儿子的钱都给她，到现在我们互相都不搭理就因为这个。当初要知道能通过信托的方式来解决，也不至于搞成这样啊。"

我摆了摆手："当初也做不了，那个时候信托公司可能还没这种业务，如果有，门槛可能都是三五千万元以上的。现在有进步，但离财富管理的要求还非常远，与国外比不可同日而语。"

"老师你给讲讲，别搞了半天还是啥都做不了。"余总似乎有种跃跃欲试的样子。

"还是有不少运作的空间的。"我对任何事物通常都尽量往正面去看："但我们可以先看一下受限制的方面：一是受托人只能是信托公司，而信托公司在中国只有六十几家，真正有私人信托业务的可能也就十几家。但在欧美国家，几乎谁都可以做受托人，包括机构和个人。受托人的重要性按常识就能想象，我就不多讲了，既然那么重要，可有的选项当然是非常重要的。二是中国的私人信托里只能放现金和类现金的金融资产，房产和公司股权等因为信托财产登记制度和法规的缺失都不能直接放入。这种情况确实是极大地限制了私人信托的作用，因为这两项资产应该是中国有钱人最重要的资产。私人信托存在的意义就在于资产的分配，而最重要的资产放不了，私人信托可以发挥的余地就比较有限了。就这两点，已经和海外的信托有云泥之别，更不用说具体的细节上的灵活性了，难怪富豪们都去海外做信托了。不过这几年中国在这方面还是有进步的，越来越多的信托公司开始提供受托服务，设立私人信托的门槛也有一定程度的降低，而保险金信托的进步与发展更是有目共睹。政府也意识到，要留得住大家的财富还是需要在信托法规上有所突破的，比如允许夫妻共同设立信托。所以就目前而言，只

要是现金和金融类资产，还是可以通过设立私人信托做很
多你想做的事的，毕竟资产的权属分置是做信托的首要
条件。"

保险金信托

"F跟我提起过保险金信托,我当时就觉得无非是保险变着花样销售而已,没认真听。今天老师将信托说透了,我觉得非常受用,相信保险和信托结合一定有它的道理,我也想听老师讲讲。"余总带着一份做学生的诚意。

"余总确实是好学,跟我见过的多数老板不一样。"我由衷地夸了一句:"所谓保险金信托,顾名思义就是私人信托里放的是保险。按权属来讲,应该是私人信托做投保人,也就是私人信托持有保单,拥有保单的所有权。但在中国,按保险法规定只有自然人才可以做投保人,所以中国的保险金信托是有点打擦边球的，或者说是中国式的，并非国际常规的保险金信托。具体操作是，先由设立信托的人投保，付第一次保费，以后再用信托账户里的钱来支付保费，也就是寿险行业通常说的第三代保险金信托的运作方式，保单和信托同时设立，基本可以说达到了海外保险金信托的效果，而不像以前要等保险赔付后有钱了再启动信托，避免了不确定性。保险与信托确实是最佳组合，最起码是之一。因为保险金信托所用的险种通常是终身寿险，而终身寿险是将生命最大价值化的险种，有杠杆的效果。比如5 000万元保额，20年的年交保费可能200万元不到，当然具体要看被保险人的身体和年龄。任何时候被保险人离世，信托里就会收到5 000万元赔付款，这样就有数倍，甚至可能数十倍相对于支出的保费的现金进入私人信托里。而信托在钱的分配上几乎可以达到没有做不到、只有想不到的程度。委托人想给谁、给多少、什么时候给等，在信托条款里都能设定。"

"我的理解不知道对不对？既然钱是来自保险的赔付款，那是否可以在保单里就可以设定赔给谁，怎么赔法，好像不用再放到信托里了，设立信托应该有不少费用吧?"

余总的理解能力确实很强。

"余总不仅好学，而且学得快，怪不得这么成功。"我哈哈笑着又夸了一下："是的，保险公司的保单通常是标准化的。但如果是这样的大额保单的话，我相信多数保险公司会允许做点个性化的处理。比如在赔付方面以批注的方式，明确在受益人未成年时不赔付，由保险公司保值增值，等受益人成年时再领取，这样就避免了钱落入了监护人手里。所以说，如果需求不复杂的话，确实没有必要花钱设立信托，通过保险都可以解决了。但是如果想法比较多，特别是想跨代传承的话，单靠保单可能就做不到了。"

遗嘱的重要性

"清楚了，老师讲得非常清晰。"余总举起酒杯敬了一下我和 F："老师开始的时候提到了遗嘱，然后就没再提过。我听律师讲过怎么做遗嘱的讲座，听的人还是挺多的，那遗嘱到底重要吗?"

"遗嘱当然重要，没有遗嘱，也就是你能说的时候不说，那么留下的财富怎么分配就由法律说了算了。但是，有了遗嘱，就一定是你说了算吗? 也不一定。"我意味深长地放慢了最后一句话的速度。

"那是为什么呢?"余总很好奇地问。

"那是因为尽管你可以把所有的意愿放在遗嘱里，但不一定能实现，要看程序能不能走得过去。"交流到现在，话题都挺重的，我黑色幽默了一下："没有人死过，死亡只发生一次，所以大家都没有机会知道死后会是什么状况。再说中国人多少年来没什么称得上财富的资产留下，作为后人也没什么真切的感受。父母走了如果有点存款，要不家人知道密码，要不找个银行的熟人通常也能取出。但是最近这些年，随着国人越来越有钱，特别是每个普通家庭都有了价值不菲的房产，人们对继承不易的感受越来越真切了。即使没有亲身体会遗产继承与分割的纠葛和争议，多数人也一定听说过。简单来讲，一个人没了，他所有的资产（除保险理赔款和信托持有的资产外）就成为遗产。而一旦是遗产，继承人就要走遗产继承程序：继承房产去房产交易中心过户，继承股权去工商局变更，取出存款要去银行，等等。总之，各类资产都登记在相关机构，而所有机构都会要求继承人出示经过公证的继承权证明。既然是公证过的证明，自然是要到公证处去开了，那么问题就来了，公证处凭什么开呢？"

余总的胃口好像都被吊了起来："凭什么呢?"

　　我不急不慢地说道："还真不是拿个死亡证明什么的就可以了。公证所的人首先会问，有遗嘱吗？如果没有，那么就按法定继承来。公证处会要求所有法定继承人到场，每个人都要同意签字，否则只有让法院判定继承权了；如果有，那么按遗嘱继承来，不仅遗嘱中提到的继承人都要到场，遗嘱里没有提到的法定继承人也要到场，并且都要签字同意。尽管法律规定遗嘱继承是超越法定继承的，如果遗嘱有效，是不需要法定继承人同意的，但现实中继承权公证这一关就是这么过的，只要有人不签字，那么也只有去法院了。这就可以看到，遗嘱继承不仅不能解决程序问题，相反因牵涉的人更多而带来更大的不确定性。也就是说即使立遗嘱的人在遗嘱里写清楚了所有愿望，但结果可能这些愿望部分或全部都实现不了。或者即使最终实现了，但却是亲人互相撕破脸去法院才执行的，我想传承人应该是最不愿意这些情形出现的吧。所以说，能不走程序就尽量不要走，没必要去测试人性，最终的和谐比什么都强。"

　　"这个程序非走不可吗？"余总问道。

　　"如果是遗产的话，这一程序非走不可。"我的语气不容置疑，但明显拖了个尾巴："注意我说的如果是遗产的话，那也就是说，如果不是遗产就不用走程序了。由此可见，了解哪些东西不被归为遗产就至关重要了。在中国，不被归为遗产的有两类：一是保险的死亡赔付；二是信托持有的资产。国际上的情况千差万别，因为每个国家都有其相应的有关保险、信托和继承方面的法律法规，比如在美国，保险金的赔付就是遗产，还要交遗产税呢。所以在中国，确实可以通过保险或信托避开遗产的继承程序，消除不确定性，确保实现定向传承。"

定向传承

"定向传承是什么意思？"余总接着问道。

"实际上除了法定传承之外的传承方式都是定向传承，不管是通过遗嘱，还是通过保险或信托，因为都是指定给谁的，所以称为定向传承。在遗嘱中是明确什么东西给什么人，在保险中有指定的保险赔付金受益人，在私人信托中有资产分配的受益人。既然是定向的，那么被定向的人拿得到才是王道。显而易见，确保传承人的愿望能实现，是运用保险和信托最重要的理由之一。另外，保险赔付金是继承人最快可以拿到的现金，而其他资产因为成了遗产，即使没有争议也有锁定期，一时半会拿不到。"

余总不禁感叹道："我听律师讲，有什么想法只要立遗嘱就行了，看来不是这么简单的哦。"

我点点头说道："术业有专攻，律师通常是针对具体事项的。比如你要做个遗嘱，专业的律师会保证帮你立的遗嘱是有效的，就事论事。至于你为什么要立遗嘱，你的家庭关系如何，以及家庭成员的想法和诉求是否会影响到遗嘱的执行，等等，并不是律师所关注的，起码不是重点关注的。而专业的私人财富管理专家却是从人出发的，你和你的家人的想法和愿望、互相之间的关系等，他会根据这些实际情况告知你应该做什么，不应该做什么。"

"基本明白老师说的意思了，这些事情处理起来还蛮有技术含量的。我们家应该还行，不大可能会出什么状况。"聚精会神的余总舒了口气。

我笑了，说道："成功人士大多有这种自信的感觉，但这种感觉不一定是真实的。你想啊，有你在，谁敢对着干?! 财富是你创造的，能力你是最强的。但是，等到了你不在要分钱的时候，那就不好说了。"

我的直率似乎使余总咯噔了一下，但很快回过神来，他说道："你说得还是挺有道理的，让我想起我前面提起的那位老板。他是我认识的人当中把家里摆得最平的人，真没想到结果是这样。"

"是啊，在财富的分配与传承这件事上宁愿想得复杂点，这样你在做安排时会考虑得周全些，毕竟这是关乎一生的奋斗到底值不值的大事。我确实为你那位走了的朋友感到惋惜，一辈子的辛苦付出并没有换来一个美满的结局。其实只要按我前面说的提前做些安排，何至于让家人对簿公堂啊。"我发自内心认为只埋头赚钱是很愚蠢的，不自觉地加重了语气："对于你们这些人生赢家来讲，不就是要确保你最在意的人能分享你的成功所带来的财富吗，还能有什么更大的事呢！为什么这么重要的事不做优先处理呢?！不过话说回来，也许是我没什么远大的志向才这么想吧。"

余总对我的自嘲很受用："哪里，我也没想做什么大事，名都是虚的，两眼一闭烟消云散，还是对家人的那点念想是最实在的。"

"为什么见了余总总有说不完的话，看来我们是投缘。"我们俩哈哈大笑，干了杯中酒。倒是F提醒我们说已经快到凌晨了，我听了马上把酒瓶里剩下的酒分着倒了，准备就此打住，结果余总不干了："不对啊，我的事情还没具体谈呢!"

我也一下子意识到，聊了半天没聊到具体怎么安排余总家的事，尽管是从他那里起的头。我赶紧打招呼说："不好意思，余总，做培训做出职业病了，一旦发挥起来收不住。这样，反正你要待两天，我们明天继续怎么样?"

余总连连挥手，说道："您别误会，没有理所应当的意思。不过今天跟您聊了后确实有了紧迫感，今晚不一定能睡得着。机会难得，还是要请老师帮忙指点。"

"没问题，我们明天接着聊，聊透了。"我爽快地答应了，我确实喜欢和余总这样明事理的人聊天。然后我们仨同时干了杯中酒，各自回房。

余总的财富安排

第二天，晨曦未尽，F 和余总已经在山上走了一圈，等我起床了一起共进早餐。早饭刚吃完，F 开始泡茶，余总已经坐定摆出要开聊的架势，好像他们俩已经商量好的，就等我了。我也就不好意思有其他想法，端起茶杯，等着余总开始。

"老师，你看我是应该立遗嘱，还是买保险，或者设立信托？"余总开门见山。

"这些只是方式，关键还是要看你想达成什么目标，然后再看什么方式是最佳的。"我也直截了当地奔向主题：

"那么目标是什么呢？那就是你有什么东西，想给或者说留给谁。"

余总想了一下，然后说道："反正 F 也不是外人，我就给老师透个底。我有多家公司，但生意就一个，是做医疗器材，每年净利润大概在 2 000 多万元吧；房子除了自己住的，还有 2 套，加起来差不多值 8 000 万元；另外就是那些现金、基金和理财产品等，七七八八应该也有个 3 000 万元吧，股票我是不炒的。我主要的想法是把公司交给儿子，其他的资产就留给我老婆和两个女儿。"

"你是想把公司交给儿子来管理，还是准备把公司股权都转给他？"我首先需要厘清余总的根本意图。

"有什么区别吗？"余总的问题并没有出乎我的意料。

"区别大了！"我加重的语气并没有任何夸张的成分："让儿子接手管理公司，如果股权不变更的话，那只是给了他干活的权力。对你儿子来讲，等于是给你干活，干好干坏还是你的，未来你把公司留下了，他只是继承者之一。但如果你把股权都转给他，公司就是他的了。"

余总没有任何犹豫："那我会把股权转给他，公司就是留给他的，子承父业嘛。老婆女儿，给钱就行。老师你觉得我这么想有什么不妥吗?"

"没什么不妥!"我脱口而出:"这份家业都是你挣的,你想怎么样就怎么样,没有对错。再问下余总,这些公司还有其他股东吗?"

"有,总体我有 80% 的股权,我弟有 5%,还有 15% 是另外几个朋友的。"

"如果是这样的话,我暂且先不谈把公司给儿子对其他家人的影响。你首先应该考虑的是股权转移所引起的其他股东的反应,如果那些反应可能会影响你儿子接手,那你要预先想好怎么消除这些不确定因素。"我波澜不惊地说道。

"你的意思是我弟弟和我朋友可能会阻碍?应该不会的,这个我还是有把握的。"余总信心满满地说。

"显然你们关系很好,彼此应该都很信任对方。"我自己确实也一向在人际关系上是以信任为先的:"但我们没必要先下结论,可以先设想一下交接时的情形。一种情形是,在你能说了算的时候就把股权转给你儿子,可能大家都没意见。也有可能你弟弟和你朋友各怀心思,比如弟弟跟了你多年,觉得公司未来应该交给他,朋友可能怕你儿子不能胜任影响他们的收益，等等，但你在的时候做，他们或许不好说甚至不敢说什么，股东的配合也就没有问题，股权可以顺利转移。如果是这样的话，问题却有可能出在你儿子身上，因为股权是'三种权利合在一起'的，变更后就完全是你儿子的了，覆水难收，那就要看他拿到股权后的表现了。还有就是你儿子没几年可能就会到要成家的年龄了，万一离婚的话，股权就极有可能被认定为婚内共同财产被对方分走一半。"

"结婚离婚已经不是万一的了，几乎快成一万了！"余总情不自禁地开起了玩笑，不过显然意识到自己也有过离婚的经历："这个确实不得不防，我都是过来人。至于我儿子的品性我还是相信的，股东们的问题也不大。"

"是啊，我记得北京前两年有统计数据，说是二次及二次以上婚姻的人已经多过一次婚姻的人了。"我继续说道："不过还有一种情况的发生概率倒确实很低，但一旦发生影响会非常大，那就是你儿子走得比你早，这样的话你给他的股权就成为他的遗产了，按法定分配的话你前妻或者他未来的配偶就会成为主要的继承者。"

余总感叹道："到底是专家，滴水不漏，啥都被你想到了。"

"这才开头啊，还远着呢。"我笑出了声："另一种情形就是通过立遗嘱将股权留给你儿子，到那一天，你儿子还需要公司所有股东同意签字后才能去工商局办理股权变更，只要有股东不配合，工商局基本上是办不了的。这样的话，你儿子就只有去法院打官司，而这类诉讼可能费时数年，等你儿子最终获得股权时，公司或许已经面目全非了，甚至都有可能面临倒闭。当创始人不在了，股东不配合的概率就会大很多。就像我前面提到的，你在，其他人也不太好说什么，更不用说做什么了。但一旦你不在了，各人的心思可能就不仅仅停留在想想而已的层面了，'人之初，性本私'嘛，我觉得这是挺自然的，完全可以理解。"

余总频频点头："确实，我这么多年在商场上摸爬滚打，可以说是阅人无数，碰到有共赢思维的人很少，更不用说没什么私心的人了。"

"没有私心的人真的很少见。"F在旁边听了我这句话也不禁哈哈大笑起来，等她笑完，我继续说道："接下来就该谈谈你太太会怎么看待这件事了。不过在谈这个之前，需要先给你的公司做一下估值，也就是你的公司值多少钱，余总你清楚吗？"

"不太清楚，没有人跟我买过，我也从来没想过要卖，就这么一直做着，反正有钱赚就行呗。"这个问题我问过不少做实业的企业主，他们的回答几乎和余总如出一辙。

"搞清楚这件事情还是非常重要的，你的身价可能主要是来自这一块。"我直视着余总说道："一味地埋头干，随着企业主年龄的增长，精力和思维的退化，企业会往下走，收入和利润也会随之下降，甚至归零，企业最后有可能一文不值，这就太可惜了。与其这样，干吗不在公司发展还不错的时候卖个好价钱呢?! 如果有人接，像余总这样的情况，那就可以考虑好好培养接班人，未来可能使企业更值钱。再说余总想将企业给儿子，当然要知道究竟值多少，这样心里才有数，才有可能去平衡利益，对家人也有交代。总而言之，从方方面面考虑，这么重要的资产到底值多少钱是一定要算的。"

"说得有道理，那怎么算呢？"余总俨然像个学生。

"你听说过市盈率吗？"我问道。

"不太清楚。"余总显得有点不好意思。

"余总不炒股，也难怪不清楚。任何股票的定价从根本上来讲都来自市盈率，所谓市盈率，就是净利润的倍数。你的公司每年有 2 000 万元的净利润，按 10 倍市盈率算就值 2 个亿。这个 10 倍怎么来的呢？就是有买方认为你的公司在未来 10 年，每年还是可以赚 2 000 万元，那么 10 年总共就是 2 个亿。买方同时也假设 10 年后公司继续可以保持 2 000 万元净利润不变，到那时候如果转手还是可以值 2 个亿，这样的话买方 10 年后就能将 2 个亿的投资翻倍成 4 个亿，按复利算，年均回报率差不多 7%。如果买方接受这个回报率，他就会出 2 亿元买你的公司，2 亿元就是对你公司的估值。当有很多人愿意出这个价格买你的公司时，这就是市场公认的价格了，这就有了市场给出的相对盈利的倍数，所以称为市盈率。股票只是公开交易的公司股权，所以每天交易的牌价就是市场给的，只要按牌价除以净利润就可以得出市盈率。总之，公司的价值最终还是要归根于未来的赚钱能力。"我一口气给余总简明扼要地补了一下资本基础知识。

"这么算的话，我的公司不止卖 2 个亿，有时我们的净利润能达到 3 000 万元。再说我们业务非常稳定，而且还处于上升势头。"余总显得非常有底气。

"如果是这种情况，你的 80％的股权就可以值 2 亿元。这样看来，你在公司的股权就是你家最值钱的资产了，占了 2/3。"我的脑海中开始浮现出如下画面："你要将这么重要，并且是最值钱的资产给你上一次婚姻所生的儿子，你觉得你现在的太太会怎么反应?"

余总挠了挠头："说实话，还真不知道怎么开口。心里是有这么件事，但没觉得是眼前急着要做的，就一直搁着没跟我太太交流过，可能也就是因为张不了口吧。公司是我创办的，结婚前已经做了快 10 年，但这几年才是发展得最好的，应该说我太太是有很大贡献的，起码我没操心过家里的事。"

"这样的话事情就不简单了! 对股权的安排应该是你的财富安排的核心，或者说，其他的安排都必须围绕股权安排来进行。而按照你对股权安排的设想，你太太这一关不好过，甚至你自己这一关都不一定过得了，余总可能需要想得更加透彻些。"我没等余总接话，继续说道："透彻的意思是，你应该再好好想想是否一定要将企业传给儿子，然后再去考虑清楚怎么跟你太太谈。"

"子承父业是自古至今中国人的传统啊，我也确实认为这是天经地义的，这个目标不好改吧。"余总不假思索地说道。

"我也是特别认可的，否则不就没什么念想了吗。"首先肯定交流对象的习惯已经浸入我的血液中了："但我认可的前提是：儿子既要有能力，又要有意愿。如果没有这两个前提条件，子承父业的话，公司是一定会被败掉的，因为肯定做不好啊！所以说，不管三七二十一都要将企业交给子女的行为是跟自己创造的家业过不去。"

"您说得确实没错，那把企业留给别人我肯定是心有不甘的。"余总的语气中既有失望又含有抗拒的成分。我给大家斟满了茶，舒缓一下气氛，说道："如果以企业为中心，自然就想让家里人接手，如果给了外人会觉得自己这一辈子就白干了。但如果能跳出企业来看这个问题，你极有可能会有退一步海阔天空的感觉。"

余总感觉有些困惑了："既然企业是家里最重要的资产，那不以企业为中心还能以什么为中心呢？"

"以财富管理为中心，企业只是家族财富的一个部分而已。我说的只是视角，并不是说企业就不重要了。但这个视角的调整特别重要，否则企业就真的会变得不重要。"
我很快地喝了口茶，开始下一段话："你平心静气地想一
下，如果企业不再赚钱了，那要这个企业干吗?! 理智的
话，当然是在还能卖的时候就卖了，不仅能变现，更是对
自己和企业的一种交代。如果你的企业还能赚钱，那就要
看家里是否有人既有意愿又有能力接手。没有的话，没必
要强求，强求的话子女痛苦，企业衰落，既毁人又毁企
业；有的话，或者可以培养的话，企业未来的前景才有可
能是光明的。退一万步讲，即使家族的每一代都有能人，
可以把企业做好，当然这种概率极低，但只要以企业为中
心，家族成员眼睛自然都盯着企业，因为各人主要的利益
都是与企业绑定的。这样的话，家人之间也会因利益分配
不均闹翻，这一代不发生，下一代也会，最终会使得企业
败落。更糟的是，企业败了，家族也就败了，因为企业几
乎等于家族所有的财富。但是如果能跳出企业看企业，把
企业看作家族财富的一个组成部分，一切都可以盘活。生
意好就继续做，不好或者没人做了就可以稀释股权，甚至
出清股权。有了真金白银，无论购买不动产或金融资产，
还是入股他人的公司，甚至重新再创办企业，财富始终不

受影响，通常也会变得更多。"

"老师讲得太有道理了！"余总由衷地赞叹道，然后似乎陷入沉思中。我没有接着说，想给他一点时间思考。在几分钟的倒茶喝茶静默后，余总又开口了："我还是认为我儿子有做企业的潜质，从小就能做决定，相对同龄孩子也更成熟。再说现在学的也是商科，专业是他自己选择的，说明他有经商的意愿。"

"明白余总的意思，你有这样的接班人也是很幸运的。"我确实替他高兴："既然将企业传给儿子的目标不变，那么平衡你儿子和现在的家人之间的利益就成为下一个思考的主题了，至于怎么跟太太说这件事只是方式方法而已，平衡了就好说。"

"对，也不能亏了我家里这几个女人，我原来的想法对她们确实不算公平。"余总不禁开始反思起来。

"不患贫，就患不均，这是人性。金钱除了自己享用，不就是让家人高兴嘛。如果因为有钱还造成家人不和，甚至反目，最终留什么东西都没意义了。"我对钱的态度向来是既看重又不看重的，没钱是万万不能的，但钱绝对不是万能的。

余总频频点头，深以为然："是的是的，不瞒您说，我自己的享受远远排在她们的需求后面呢。这碗水是应该要端平的，但是我就这些东西，儿子拿大头的话，其他人肯定会拿得少，怎么平衡呢？"

我身子往后靠向了椅背，说道："没法平衡的！你要把家里 2/3 的财产给儿子，且不说你的企业股权如果被认定为婚内共同财产的话，有一半还是你太太的，你说了不一定算。就是你最亲的这四个人平分所有家产的话，你儿子最多也只能分到 1/4 而已。如果我是你太太的话，我也无法接受你的安排，将来你两个女儿长大了估计也不会认可你的安排。所以说，如果你的目标是要将 80％股权全部都给儿子，这碗水怎么端都端不平的。"

余总一下子被我说得没有方向了，两眼直直地看着我。

"不过我感觉将所有股权都转给你儿子应该并不是你的目标，你的目标无非是想让儿子接管你的企业，由他控制、享有并继承。只要这个目标能达成，是否将你名下的所有股权留给他并非是你的出发点，我说的对吗？"在没有将对方的意图真正搞清楚前，提供任何建议都是没有价值的，甚至在方向上都可能是错误的。我在训练学员时特别强调这一点，这是专业顾问和推销员的根本差异。

"老师对我的意图判断得非常到位。我原来还真是没细想，觉得既然要把企业留给他，那不就是都给他嘛。现在经过您这么拆解分析，我的想法也清晰了。"余总回过神来："您的意思是我可以少给我儿子点股权，他照样可以控制企业，接我的班？"

"没错。"我很高兴余总这么快就明白我的意图："只要51%以上的股权就是绝对控股了，即使要达到公司法所定的所有事情都可以说了算的程度，也只需要 2/3 的股权。"

余总又高兴了起来，说道："这些我基本都知道，原来没往这方面想，这么一想的话，腾挪空间就比较大了。"

我竖起拇指："余总确实厉害！想必心里完全有底了。"

"老师过奖了，还谈不上完全有底。不过我想倒是可以给我儿子控股权，另外的将近30%的股权留给我太太和女儿。"余总已经开始算上账了。

"余总能这样想的话真是太好了，既能达成首要目标，又顾及了全家人的感受，这样的话就好办多了。"于是我开始给余总做全方位的梳理："我先帮你算算账，按你的想法将资产分配一下：51％的股权大概值1个多亿，给儿子；30％的股权值差不多值7 000万元，太太和女儿三人共有，平摊的话每人2 000多万元；其他资产加起来差不多值1个亿，如果也是平摊的话，太太和两女儿各得3 000多万元。总体而言，儿子大概会得到价值1亿多元的财富，太太和女儿各有5 000多万元。"

"这么一算，差别还是有点大啊。"余总又有点高兴不起来了，觉得还是没搞定。

"不算不知道，一算吓一跳。"我开了句玩笑，使交流更轻松点，轻松的氛围对严肃的讨论不无助益，我继续说道："如果再考虑到你太太可能本来就有婚内财产一半的权利的话，她失去的确实有点多了。"

"看样子要一碗水端平的话我还是需要再多赚些钱啊！"余总的感叹中夹杂着无奈。

"能赚当然继续赚喽，但再赚多少钱，问题还是存在，没有变。你赚钱主要是靠公司吧，如果公司做得更好更值钱了，你还是要给你儿子控股权的话，反而更难摆平了。"

我话锋一转："就财富传承而言，你还记得我昨天说过，人的生命是可以最大价值化的吗?"

"记得好像和保险有关。"余总想了一下说。

"是的，你可以通过终身寿险以自己的生命作为撬动财富的杠杆。"我进一步解释道："具体来讲，你可以作为投保人和被保险人，投保 1 亿元保额的终身寿险，指定两个女儿做受益人，通过保险给她们各留下 5 000 万元。这样的话，她们就可以不参与分割股权，还可以各自继承 2 000 万元左右的其他资产，两个女儿最终都有 7 000 万元的财富锁定，你对她们绝对是有交代了。两个宝贝女儿搞定了，你就可以将 30％的公司股权留给你太太了，加上剩下的价值 4 000 万元的房产和金融资产，你太太就能分享到价值过 1 亿元的财富，基本与你儿子相当。这么安排的话，是不是就比较平衡了?"

"何止是比较平衡，简直是完美啊!"余总不禁激动地拍了一下大腿："这么安排的话，我跟我太太就很好说了，她本来也是个通情达理的人。尽管我儿子不是她最关心的，但她清楚儿子在我心目中的位置。我能替她和两个女儿这么着想，她应该会很感动吧。"

"我也觉得如果你这么安排的话，你们俩感情都能升华，最起码她会非常乐意接受。"我见到余总的反应心情也大好，感觉说话更有动力了："我建议你先把你的想法跟太太说了，如果她乐意的话就可以具体落实了。这种事情千万不要等，等待即身后嘛，谁知道明大会发生什么呢。"

"老师说得对，应该把事情确定下来。我们做企业的人最懂得什么是无常，每天干的就是将不确定转化成确定。再说安排好了我也踏实了，干什么也可以更专心。"余总欣然接受。

"看来余总是真正的行动派，有方向，重执行。"我由衷地说道："我真不是奉承你，多数人对这种事情是缺乏行动力的。对财富做分配和传承的安排从根本上来讲是反人性的，因为这对传承者而言似乎就意味着自己老了，不行了，要退了，离死都不远了。所以绝大多数人都有鸵鸟心理，能不想就不想，能不做就不做。只有那些把它当作头等大事，或者起码是最重要的事情之一的人，才会面对并付诸行动。"

"这两天聊下来，还真是想通透了许多。钱到了一定份上，赚更多的钱怎么都不应该是头等大事啊，干吗呢？就为了数数吗？！钱花不了了，就是给自己最在意的人。不安排妥了，干啥意义都不大，安排妥了，该干吗干吗，金钱是应该让人高兴的，不是给自己和亲人添堵的。"

　　余总讲得兴起，我和 F 似乎成了听众，还没等我们有反应，他已经摆出开干的姿态："如果我太太对我的安排没意见的话，下一步我应该具体做些什么？"

余总接下来要做的——订立遗嘱和投保

　　"你可以同时启动遗嘱订立和投保这两件事。"我直截了当地说道："我前面已经解释了，现在或者你还在的时候，就将股权变更到儿子名下的风险，你还记得吗？"

　　"记得好像是我儿子未来的婚姻风险和死亡风险。"余总回想了下说。

　　"对的，你儿子未来因婚姻破裂和意外离世导致股权流失的风险，当然除了这些之外还有他自身行为的不确定性风险。考虑到这些，你有另一种选择，就是通过立遗嘱的方式，将股权作为遗产来传承给你儿子。这样做当然也有风险，风险主要有两点，一是你父母还健在，如果你先于你父亲或者母亲离开的话，就存在他们作为法定继承人是否认可遗嘱的风险。二是当你儿子做股权变更时，你弟弟和你朋友作为其他股东是否会配合。如果在这些方面你没有担心，或者相对第一种方式，风险更低些，那就立遗嘱吧。"我停顿了一下，看看余总的反应。

余总没有任何犹豫："我父母不会有意见，这是他们的孙子啊。至于我的那些小股东肯定不会有问题，企业是我一手创办的，当初给他们股权是给他们跟着我赚钱的机会，他们都应该是懂得感恩的人。"

"那就好。当然如果要确保没有变数的话，你还可以考虑将主体公司做股改，只要是股份制公司，就不存在其他小股东的配合问题了。"我确认了用遗嘱继承方式传承股权后，继续补充道："立遗嘱还是要找律师。自己写当然可以，同样有法律效力，但万一有瑕疵的话就麻烦了，这个钱不能省。"

余总带着一种不屑的神情说道："当然，中国人可能都不愿为专业付费，我是术业有专攻的信徒，我回去就办。"

"现在就可以说一下买保险的事了。"我说完看了一眼F，然后又面对着余总说道："具体产品和投保核保程序都是F的事情了，不需要我多说什么。我要明确的首先是险种，必须是因死亡而赔付的寿险，因为是你身后留给女儿的，也是对她们没有参与分配股权的一种补偿。另外一定要买终身寿险，而不能是定期寿险，要确保不管那天你不在了，你的双胞胎女儿都能拿到钱，定期的话就必须要在定期结束前走才有赔付，那就变成赌命了。再有是保费尽量按年交，能20年交最好，保额相对年交保费可能高几十倍，这样可以将保险的赔付功能用足，使生命的价值得到最大的体现，同时又不会对你做生意和其他资产产生较大的影响。当然如果你有资产隔离的想法，或者想把现有的资产重新配置一下，一次性把保费交了也是可以的，但我觉得你现在的资产构成最多可以选择10年交完。"

余总转身对F说道："我信得过你，到时都听你安排就行了。"

F赶紧摆手说："老师站的高度不一样，我们还是有产品导向，老师才是完全从客户需求出发，真正想客户所想，帮客户达成目标。这两天我收获太大了，机会难得，我还想请教老师，余总的保单还有哪些关键点需要注意?"

"确实有。"对于这样的好学生我一向是知无不言、言无不尽的:"我很早就注意到从业人员对于保单受益人的指定没有给予足够的重视，更不用说受益安排了，但这些恰恰对财富管理来讲是至关重要的。余总要买的终身寿险是让两个女儿做第一顺序受益人，将来平分赔付的保险金，这个没什么疑问，但仅仅做这样的安排对客户而言还远远不够。"

"保单里只有投保人、被保险人和受益人，余总是投保人和被保险人，女儿做受益人，既然这些都明确了，还能做什么呢?"F一下子没反应过来，急急地问道。

我没有直接回答F，却转向余总问道:"余总，我记得你的双胞胎女儿只有5岁，如果万一你在她们成年前就走了，那赔付的保险金会由谁掌控?"

余总愣了一下，回答得不是很自信:"应该是我太太吧，她是监护人。"

"对的，这应该不是你的初衷吧?"我想否则就没有前面这些安排了。

"肯定不是啊，给太太的不是都安排了吗，保险就是给女儿的。"余总回答得很干脆。

"再问余总一个问题，如果你的双胞胎女儿在 20 多岁的时候各拿到 5 000 万元的巨款，你觉得是好事吗?"我跟进一步问道。

这次余总过了一下脑子，似乎脑海中有场景："那还真不是好事啊，我第一反应是会害了她们，再往深了想想，你前面举的你女儿的例子中的那些风险都存在啊，反正不是什么好事。"

"是啊，做父亲的都会有这种反应。我跟你一样，如果是这样，还不如不给，就这么简单地将财富留给自己最在乎的人是很愚蠢的。所以说，钱怎么给法其实是非常讲究的。"这时候我将眼光转移到了 F 那里。

"明白了，昨天老师讲过的，可以在保单里做批注，明确保险公司如何支付保险金。"F 马上反应过来。

"说得一点不错。比如在批注里写明：在受益人成年以前被保险人死亡，保险公司保留理赔的保险金、保值增值，直至受益人成年后才予以支付，这样就避免了理赔款被未成年受益人的监护人控制的情况出现。"我进一步补充道："另外，还可以根据受益人不同的人生阶段，做分期领取的安排。比如，在受益人上大学的时候保险公司支付部分赔付款作为教育金，受益人结婚时可以领取结婚金，怀孕生育时领取养育金，最后领取养老金，等等。总而言之，光有钱还不行，怎么给钱几乎同等重要。"

余总不禁又拍上了大腿："可以这么安排，真是太妙了！我想到的，没想到的，老师都说到了。"

F有点不确定："我要先去公司问问，不知道能不能做到像老师说的那样。"

"当然先要问清楚，不过我觉得如果是上亿保额的大单的话，保险公司一般能做到这样的定制。如果不行，我建议设立保险金信托。"我心中早有预案。

余总马上反应道："我记得昨天也有提到，好像探讨后觉得没太大必要，毕竟还有费用。"

"昨天确实说到过，但我没有展开讲，今天就你的情况还是值得再探讨一下。"我是私人信托的忠实拥趸，可能是我在美国做业务时留下的烙印，那里的富人几乎无人不做的。

"老师愿意讲，我当然是洗耳恭听。"余总倒是没有勉强的感觉。

"那我就再问你几个问题。"我发自内心喜欢和余总这样心态开放的人交流:"你除了下一代,以后子孙后代的都不在乎吗?"

"你的意思是第三代以后的子孙后代吧,当然不会一点都不在乎,毕竟是中国人嘛。特别是我儿子,结婚生子也不是太遥远的事,说不定我还隔代更亲呢。"余总情不自禁露出一点慈爱的神情。

"那你觉得你有能力关照到吗?"我继续问道。

"以我的条件,管三代应该还行吧,再往下可能就管不了了。"余总还是比较低调的。

"但是我们交流到现在,你为什么完全没有提到关于这方面的想法呢?"我再进一步问道。

"不是还没有第三代嘛,脑子里没人啊。如果有的话,我想我应该会很在乎的。"余总的脑海里一定浮现出孙辈的景象了。

"这样看来私人信托还是值得再聊一聊。"我喝了口茶,进入这个话题:"就拿你准备将股权留给儿子来讲,其实最佳方式不是直接转让或遗嘱传承,因为都各有不确定性和风险,也缺乏未来调整的空间。最佳方式是以私人信托持股，你儿子成为信托的受益人间接控股，这么做的好处就太多了。尽管你觉得你儿子对企业既有兴趣又有能力，但是在没有实际检验前最多只是一种可能，一种主观判断而已，万一判断失误了呢？万一儿子有其他规划了呢？在私人信托的条款里你就可以设定一些前提条件，比如只有你儿子实际经营企业才能获得的权利，这样的话同时还能起到确保你儿子接班的作用。更进一步讲，还可以同时将第三甚至再往后的子孙指定为信托的受益人，尽管这些后代现在都还没有出生。无论是从信托设立者的生命的延续，还是尚未出生的受益人的角度出发，这都充分体现了私人信托具备超越实际生命的无可替代的功能。但是很遗憾，目前在中国，私人信托不能直接持有股权，只能通过设立特殊目的载体（SPV）间接持有你公司的股权，成本比较高，关键是股东和实际控制人的权利和义务有模糊不清的法律风险。如果你的公司准备这几年上市的话就更麻烦了，因为监管机构会有非常多的规定会影响到IPO，比如股权穿透规则。"

余总的姿态明显由紧变松，有点泄气："正听得来劲呢，结果做不了啊。"

我摇摇头："也不是做不了，就是间接的方式不好做，既费钱又有不确定性。我昨天应该也提到了，房产也一样，因为没有明确的信托财产登记规则，如果你想把房产放进信托里，那就只能先将购房款打给信托公司，然后用信托里的现金购买自己的房产，也就是必须通过交易变更产权，而交易就会产生税费，可能还不少，特别是个人所得税。更不用说交易后因为是法人持有房产，持有的税率要高很多。所以无论是公司股权，还是房产等不动产，不是不能进信托，只是代价不菲，除非你觉得达成传承目标远远超过这些付出的代价，否则你不会愿意做的。所以尽管我认为还是值得考虑，但我没有兴趣多聊你目前不太会考虑的事情，如果哪天信托财产登记法规落地了，我们到那个时候再聊也不晚。坦率地讲，只有现金和现金类资产才可以设立私人（家族）信托，这个确实是将私人信托的财富管理功能废了一半。"

"那老师为什么还费那劲讲半天呢？不是没用吗?!"余总有点不解。

"有两个原因为什么我要讲。"我身体前倾道："第一是源头尽管受限，但流出的方向与方式还是基本能满足你的愿望的。股权的事情做不了，但保险赔付的现金进入私人信托后就可以按你的意愿做分配，比如用前面讲的分批领取的方式保护和保障你女儿的人生，比如你可以选择留下部分钱给你女儿的后代，这样就能实现关照子孙后代的愿望，同时也防范了所有的钱被二代不当使用或挥霍殆尽的可能性，这是单纯买份保险所做不到的。第二是应该用发展的眼光看待我国的私人信托。尽管现在公司股权、房产等非现金类资产都不能直接放入私人信托，但从这两年私人信托的法规调整来看，政府确实是意识到了私人信托对财富管理的重要性，这从最近两年出台的允许设立夫妻共同信托的规定中可以看出，目的就是给高净值人士在财富的统一安排上有更多空间和灵活性，以满足财富管理的需求。我相信时间不会太久，你应该可以利用私人信托更好地安排股权的转移与传承。说不定到那时候余总的公司做得更大，财富又上几个等级，规划自然要与时俱进，我今天讲的东西到时候对你来讲就会非常有价值了。"

"谢谢老师，想得这么周到。"余总显得非常有收获的样子："那我回去后先把遗嘱和保险的事办起来，到时候如果有什么问题还希望老师能给予指点。"

　　"只要 F 开口我都会尽力而为的，现在像她这样的徒弟是稀缺动物!"我们三人都大笑了起来，两天的谈话就在这种愉悦的氛围中圆满结束了。